# Lawinenkunde

Stephan Harvey · Hansueli Rhyner · Jürg Schweizer

# Lawinenkunde

## Praxiswissen für Einsteiger und Profis zu Gefahren, Risiken und Strategien

BRUCKMANN

# Einleitung

## Warum Lawinenprävention?

Das winterliche Gebirge ermöglicht uns einzigartige Erlebnisse abseits von Skigebieten – sei es auf Ski-, Snowboard- oder Schneeschuhtouren, beim Freeriden oder Eisklettern. Bei allen diesen Aktivitäten ist jedoch die Lawinengefahr ein ständiger Begleiter. Absolute Lawinensicherheit ist nicht möglich. Um das Lawinenrisiko auf ein akzeptables Maß zu reduzieren, sind deshalb präventive Maßnahmen nötig. Das vorliegende Buch liefert dazu das nötige Wissen für Einsteiger und Profis. Wichtig sind:

› Informationen zu Lawinenlage, Wetter, Gelände, Teilnehmern.

› Know-how zum Beurteilen der Lawinengefahr, zum Einschätzen des Lawinenrisikos und zu der Situation angepasstem Verhalten.

› Notfallausrüstung, um die Überlebenschancen zu erhöhen, wenn doch etwas passiert.

## Lawinenkunde ist keine exakte Wissenschaft

Trotz laufend neuer Erkenntnisse in der Forschung sind Lawinen räumlich und zeitlich nur mit großen Unsicherheiten vorherzusagen. Es gibt keine Formeln und exakte Regeln, die der Wintersportler anwenden kann, um die Lawinengefahr zu berechnen. Die zahlreichen Einflussfaktoren können auf kleinem Raum variieren, verändern sich innerhalb kurzer Zeit und sind äußerst vielschichtig miteinander verknüpft. Wenn wir im Lawinengelände unterwegs sind, müssen wir mit diesen Unsicherheiten umgehen und versuchen, die wichtigsten Schlüsselfaktoren und deren Zusammenhänge zu erkennen. Um die Lawinenproblematik im Sinne eines Risikomanagements unter verschiedenen Blickwinkeln zu betrachten, ist vernetztes Denken notwendig.

## Entwicklung der praktischen Lawinenkunde

Die praktische Lawinenkunde war in den letzten 30 Jahren einem starken Wandel unterworfen.

Bis Ende der 1970er-Jahre existierten kaum Methoden für eine strukturierte Beurteilung der Lawinengefahr und keine Entscheidungshilfen. Die Lawinenausbildung beschränkte sich größtenteils auf Wissensvermittlung, ohne daraus griffige Verhaltenskonsequenzen abzuleiten, und auf Methoden der Lawinenrettung.

Dies änderte sich Mitte der 1980er-Jahre, als der Schweizer Bergführer Werner Munter mit dem sog. 3x3-Raster ein strukturiertes Vorgehen zur Beurteilung der Lawinengefahr einführte. Somit gab es für Wintersportler erstmals eine klare Struktur zum Vorgehen bei der Beurteilung, eine Methode zum Entscheiden und daran geknüpfte Verhaltenskonsequenzen. Die Entscheidung im Einzelhang wurde aufgrund des Rutschkeil-Resultates gefällt.

Unter dem Motto »Rechnen statt Schaufeln« präsentierte Werner Munter 1992 seine Reduktionsmethode. Er gewichtete und vernetzte wichtige Schlüsselfaktoren in einer Formel, mit der das Lawinenrisiko auf einfache Art und Weise berechnet werden kann. Die Einfachheit dieser Methode fand schnell Anhänger – während Skeptiker auch auf mögliche Gefahren dieses strategischen Ansatzes hinwiesen.

Auf der Basis der elementaren Reduktionsmethode entstanden im deutschsprachigen Alpenraum weitere grafische Versionen wie die Snowcard oder die Grafische Reduktionsmethode (GRM). Diese Methoden werden in der Ausbildung und Praxis nicht einheitlich angewendet und sind teilweise auch heute noch Gegenstand kontroverser Diskussionen.

Im Jahre 2005 initiierte das SLF (WSL-Institut für Schnee- und Lawinenforschung SLF in Davos) zusammen mit den maßgeblichen Alpinverbänden in der Schweiz das Kernausbildungsteam »Lawinenprävention Schneesport« (KAT). Unter der Leitung von Paul Nigg erarbeitete das KAT einen Konsens, der den kleinsten gemeinsamen Nenner für die Lawinenausbildung auf unterschiedlichen Ausbildungsstufen beschreibt. Das aktuelle Merkblatt »Achtung Lawinen« sowie das vorliegende Buch bauen darauf auf.

## Neues in der Lawinenkunde

### Beurteilungs- und Entscheidungssystem

Bisherige Hilfsmittel und Methoden (z.B. 3x3 und Reduktionsmethode) wurden optimiert und in einen Entscheidungsprozess integriert, der allen Ausbildungsstufen gerecht wird. Zudem hilft ein neuer Ansatz von Mustern typischer Lawinensituationen auf wichtige Schlüsselfaktoren zu fokussieren. Entscheiden im Lawinengelände muss aber letztlich jeder selbst unter Berücksichtigung seiner eigenen Risikobereitschaft und seines Könnens. Für den Einsteiger sind dazu einfache Werkzeuge nötig, der Könner kann mit seinem Lawinenwissen differenzierter beurteilen. Neu ist, dass alle das gleiche Beurteilungssystem anwenden können.

### Schneedecke

Der Schlüssel zum Verständnis der Lawinenbildung liegt in der Schneedecke, deren Inneres uns allerdings verborgen bleibt. Trotz der räumlichen und zeitlichen Komplexität der Schneedecke lohnt es sich, sie in die Beurteilung einzubeziehen. Einfache Schneedeckentests sind nicht zwingend mit Schaufeln verbunden und können, richtig eingesetzt, wertvolle Dienste leisten. Bereits wenige Informationen genügen, damit wir die Schneedecke nicht mehr als »Blackbox« wahrnehmen, sondern uns eine grobe Vorstellung von ihrem Aufbau machen können.

## Aus der Forschung

In den letzten zehn Jahren hat die Schnee- und Lawinenforschung bedeutende Fortschritte gemacht. Wir verstehen heute wesentlich besser, wie zum Beispiel die Prozesse in der Schneedecke ablaufen und was für die Lawinenbildung wichtig ist. Dazu beigetragen haben unter anderem neue Methoden zur Charakterisierung

des Schnees und seiner Veränderungen mithilfe der Computertomografie, Studien zum Ausmaß der räumlichen Variabilität der Schneedecke und generell der Fokus bei der Lawinenauslösung auf die Bruchausbreitung. Die verbesserte Vorstellung, wie Brüche entstehen und sich ausbreiten, hat zur Entwicklung neuer Tests und Modelle geführt. Diese haben unser Verständnis des komplexen Prozesses der Lawinenauslösung einen großen Schritt weitergebracht (siehe Kap. Schnee und Lawinen, S. 21).

## Faktor Mensch

Seit der Einführung des 3x3-Rasters ist der Faktor Mensch ein wichtiges Element im Risikomanagement. Der Mensch ist nicht nur die oft entscheidende Zusatzlast, sondern er muss auch entscheiden (»to go or not to go«) – und macht dabei Fehler. Diese sind häufig die Folge von psychologischen und sozialen Einflüssen. Es ist also wichtig, sich dieser Einflüsse bewusst zu werden und ihnen entgegenzuwirken. Methoden und Strategien aus verschiedenen Fachgebieten helfen die Fehleranfälligkeit zu reduzieren. Das vorliegende Buch präsentiert einige Methoden, die sich beim Entscheiden im Lawinengelände bewährt haben (siehe Kap. Faktor Mensch, S. 127).

Gleichzeitig haben sich in den letzten Jahren die Möglichkeiten zur Informationsbeschaffung stark erweitert. Smartphones, Webcams, Daten von automatischen Wetterstationen, Berichte aus Internetforen und eine Fülle von spezifischen Informationen, welche die Lawinenwarndienste aufbereiten, ermöglichen es heute, sich bereits zu Hause ein wesentlich besseres Bild der Situation zu machen.

## Zum Aufbau des Buches

Das vorliegende Buch richtet sich an Einsteiger und Könner. Die Kapitel sind wie folgt gruppiert:

**B** = Basics: Hier wird das wichtigste Basiswissen für Einsteiger vermittelt. Wer dieses Kapitel verstanden hat, besitzt die theoretischen Grundlagen zur Einschätzung des Lawinenrisikos auf einfachen Touren oder Variantenabfahrten (siehe Kap. Basics).

**T** = Theorie: Vertiefte theoretische Grundlagen für Fortgeschrittene und an den Prozessen interessierte Leser werden hier erläutert. Wer diese Kapitel als zu theoretisch empfindet, kann sie überspringen, ohne den roten Faden zu verlieren (siehe Kap. Schnee und Lawinen, Kap. Äußere Einflüsse auf die Schneedecke, Kap. Typische Lawinensituationen – die vier Muster).

**P** = Praxis: Diese Kapitel vermitteln wichtiges Praxiswissen für Fortgeschrittene. Hier lernt der Wintersportler, wie zu Hause und im Gelände die Lawinensituation beurteilt werden kann und wie der Entscheidungsprozess strukturiert wird (siehe Kap. Gefahrenstufen und Lawinenlagebericht, Kap. Unterwegs beobachten und beurteilen, Kap. Faktor Mensch, Kap. Risiko einschätzen – Entscheiden – Verhalten, Kap. Freeride).

**R** = In diesem Kapitel wird das richtige Vorgehen bei einem Lawinenunfall sowie die Kameradenrettung beschrieben (siehe Kap. Lawinenunfall/Rettung).

Wer es eilig hat, findet in den »Kurz und Knapp«-Kästen sowie den »Expertentipps« eine Zusammenfassung wichtiger Grundlagen und Hinweise.

# B Basics

Lawinengefahr bedeutet Lebensgefahr. Durchschnittlich sterben in den europäischen Alpen jedes Jahr rund 110 Menschen in Lawinen. Für Schneesportler ist die Schneebrettlawine die größte Gefahr: Eine ganze Schneetafel löst sich großflächig, gewinnt schnell an Geschwindigkeit und fließt talwärts. Ein Entkommen aus der Lawine ist selten möglich. Es besteht eine große Absturz- und/oder Verschüttungsgefahr. Das Risiko, von einer Lawine erfasst zu werden, hängt von den Wetter- und Lawinenverhältnissen, vom Gelände und vom eigenen Verhalten ab.

In diesem Kapitel sind die wichtigsten Grundlagen zur Beurteilung der Lawinengefahr beschrieben. Mit diesem Basiswissen können Einsteiger bereits einfache Touren planen und sich unterwegs der aktuellen Lawinensituation angepasst verhalten. Fortgeschrittene können auf diesem Wissen aufbauen. Alle Themen werden später im Buch noch detaillierter behandelt.

Unabhängig vom Wissensstand sind für die Beurteilung der Lawinengefahr meistens die Kombination und Gewichtung einiger weniger Schlüsselfaktoren entscheidend. Diese sogenannten lawinenbildenden Faktoren können den drei Bereichen **Verhältnisse**, **Gelände** und **Mensch** zugeordnet werden. Die wichtigsten Schlüsselfaktoren, auf deren Basis bereits Anfänger einfache Beurteilungen machen können, sind in der Abbildung rechts aufgeführt. Der Blick durch die sinnbildliche »GRM-Brille« (GRM = Grafische Reduktionsmethode, siehe S. 18 u. 158) ermöglicht durch die einfache Kombination von Lawinengefahrenstufe, Hangneigung und Exposition (Hangausrichtung) be-

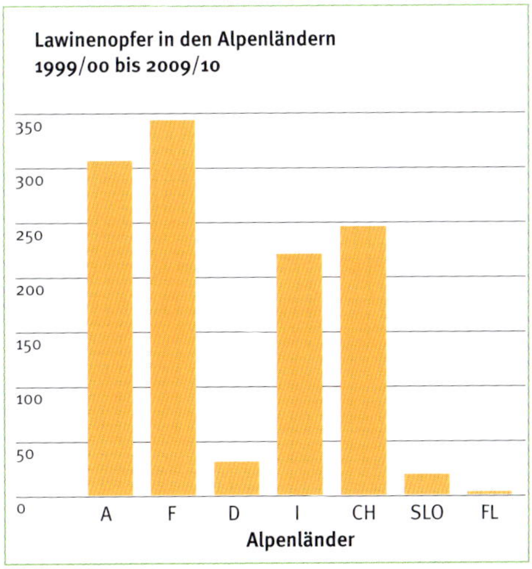


Lawinenopfer in den Alpenländern zwischen Winter 1999/00 und 2009/10 (11 Jahre). Quelle: IKAR (Internationale Kommission für Alpines Rettungswesen)

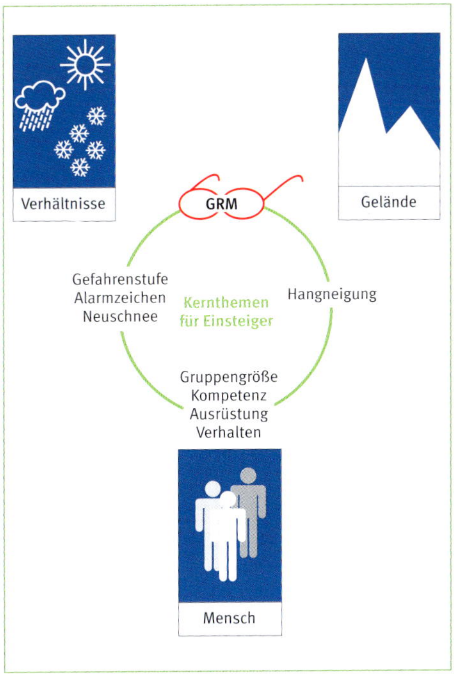


Die wichtigsten Faktoren für den Einsteiger. Mit Blick durch die »GRM-Brille« und mithilfe der Kombination von Lawinengefahrenstufe, Hangneigung und Exposition ist ein erster Risiko-Check möglich.

reits eine Abschätzung des Lawinenrisikos. Dieses lässt sich durch angepasste Verhaltensmaßnahmen reduzieren.

Mit zunehmender Erfahrung können wir dieses Basiswissen vermehrt mit Überlegungen zum Prozess der Lawinenbildung ergänzen. Damit ist eine ganzheitliche und differenzierte Beurteilung der Lawinensituation möglich. Dies eröffnet einen größeren Spielraum für unsere Handlungen. Andererseits nimmt auch die Wahrscheinlichkeit zu, bei der Beurteilung einen Fehler zu machen.

## Verhältnisse

### Gefahrenstufe

Im Lawinenlagebericht wird die Lawinengefahr täglich einer der fünf europäischen Lawinengefahrenstufen zugeordnet: **gering, mäßig, erheblich, groß** und **sehr groß**. Zusätzlich zur Gefahrenstufe wird angegeben, welche Geländeteile (z. B. Hangexpositionen und Höhenlagen) zum aktuellen Zeitpunkt besonders kritisch sind.

Für Wintersportler ist die Stufe 3 (erheblich) die am häufigsten unterschätzte Gefahrenstufe. Rund die Hälfte aller tödlichen Lawinenunfälle ereignet sich bei dieser Gefahrenstufe.

Der Lawinenlagebericht hat den Stellenwert einer Prognose und dient als Grundlage, auf die wir unsere Entscheidungen bei der Planung und Durchführung von Touren stützen können. Kritisches Hinterfragen der Aussagen im Lawinenlagebericht anhand eigener Beobachtungen (z. B. Neuschnee oder Alarmzeichen) gehört insbesondere bei Fortgeschrittenen zur eigenständigen Einschätzung der Lawinengefahr.

| | |
|---|---|
| 1 gering | Allgemein günstige Verhältnisse. Extrem steile Hänge einzeln befahren! Absturzgefahr beachten! |
| 2 mäßig | Mehrheitlich günstige Verhältnisse. Vorsichtige Routenwahl. Extrem steile Hänge (> 40°) und Triebschneeansammlungen meiden! Schattige Steilhänge (> 30°) einzeln befahren! |
| 3 erheblich | Teilweise ungünstige Verhältnisse. Schattige Steilhänge (> 30°) meiden. Unerfahrene bleiben auf der Piste oder schließen sich einer professionell geführten Gruppe an! |
| 4 groß<br>5 sehr groß | Ungünstige Verhältnisse. Lawinenauslaufbereiche beachten! Unbedingt auf den markierten und geöffneten Abfahrten/Routen bleiben! |

Wichtige Merkmale und Verhaltensmaßnahmen zu den fünf Gefahrenstufen

**KURZ UND KNAPP**

Rund die Hälfte aller tödlichen Lawinenunfälle ereignet sich bei der Gefahrenstufe **erheblich**.

### Alarmzeichen

Der beste Hinweis auf Lawinengefahr sind frische Lawinen. Damit sich Lawinen bilden können, müssen in der Schneedecke Brüche entstehen. Solche Brüche können wir manchmal sogar hören (»Wumm-Geräusche«) oder sehen, wenn Risse in der Schneedecke entstehen. Diese Gefahrenhinweise nennen wir Alarmzeichen. Sie zeigen klar und deutlich, dass die Bedingungen

**KURZ UND KNAPP**

- Alarmzeichen sind deutliche Hinweise für eine erhöhte Lawinengefahr!
- Wenn Alarmzeichen fehlen, kann trotzdem Lawinengefahr bestehen.

Frische Lawinen sind deutliche Hinweise für eine erhöhte Lawinengefahr.

für Schneebrettlawinen gegeben sind. Gibt es keine Alarmzeichen, heißt dies jedoch nicht, dass keine Lawinengefahr herrscht (mehr dazu im Kap. Beobachten, S. 109).

## Wetter

Das Wetter hat einen entscheidenden Einfluss auf die Entwicklung der Lawinengefahr. So steigt zum Beispiel die Lawinengefahr bei intensivem Schneefall und starkem Wind an, da die Schneedecke zusätzlich belastet wird und sich gefährlicher Triebschnee bildet. Die Gefahr kann sich auch bei starker Erwärmung und Sonneneinstrahlung im Tagesverlauf erhöhen.
Eine Veränderung der Lawinengefahr setzt eine Wetteränderung voraus (z. B. Wind, Neuschnee, Strahlung). Aber nicht jede Wetteränderung ändert die Lawinengefahr (siehe Kap. Äußere Einflüsse auf die Schneedecke, S. 45).

**EXPERTENTIPP**

Als **Alarmzeichen** gelten:

- Frische Schneebrettlawinen: spontan abgegangene oder ausgelöst durch Wintersportler oder Sprengung
- Wumm-Geräusche oder
- Rissbildung beim Betreten der Schneedecke

Alarmzeichen sind typisch für mindestens erhebliche Lawinengefahr (Stufe 3). Sie können gelegentlich aber auch bei tieferen Gefahrenstufen vorkommen.

### Neuschnee

Als Neuschnee wird der Schnee der letzten ein bis drei Tage bezeichnet. Neuschnee führt meistens zu einem Anstieg der Lawinengefahr. Allgemein gilt: Je mehr Neuschnee fällt, desto mehr steigt die Lawinengefahr an. Bereits geringe Neu-

Frischer Powder! Die Verlockung – aber auch die Lawinengefahr – ist groß. Defensives Verhalten und Abwarten ist die Devise.

Wettereinflüsse wie Neuschnee und Sicht sind wichtige Schlüsselfaktoren bei der Beurteilung des Lawinenrisikos.

**KURZ UND KNAPP**

- Je mehr Neuschnee fällt, umso kritischer ist die Lawinensituation.
- Je mehr Wind den Schneefall begleitet, umso kritischer ist die Lawinensituation.
- Eine rasche und starke Erwärmung oder Regen nach Schneefall wirken sich ungünstig* auf die Lawinensituation aus.

schneemengen von 10 bis 20 Zentimeter können jedoch in Verbindung mit starkem Wind und tiefen Temperaturen dazu führen, dass die Lawinengefahr auf die Stufe 3 (erheblich) ansteigt und die Bedingungen somit für Touren ungünstig* sind. Ein nützliches Hilfsmittel zur Beurteilung des Neuschnees ist die sogenannte **kritische Neuschneemenge** (siehe Kap. Unterwegs beobachten und beurteilen, S. 109).

* Die Begriffe »günstig« bzw. »ungünstig«, häufig im Zusammenhang mit der Schneedecke oder der Lawinensituation verwendet, werden aus der Sicht des Wintersportlers benützt. Eine »günstige« Lawinensituation ist für den Wintersportler vorteilhaft und heißt nicht, die Bedingungen sind günstig für eine Lawinenauslösung.

## Sicht

Das Wetter beeinflusst nicht nur die Lawinengefahr, sondern auch unsere Fähigkeit, diese zu beurteilen. Schlechte Sicht schränkt unser Beurteilungsvermögen massiv ein. Wir können die Schneeverhältnisse, das Gelände und unsere Routenwahl schlecht einschätzen. Schlechte Sicht ist daher oft **der** Schlüsselfaktor bei der Entscheidung, ob man auf einer Tour umkehrt oder nicht.

**EXPERTENTIPP**

**Wichtige Merksätze:**

- Neuschnee oder Regen führen immer zu einem Anstieg der Lawinengefahr.
- Der erste schöne Tag nach einem Schneefall gilt als besonders unfallträchtig!
- Frische Triebschneeansammlungen sind oft leicht auszulösen!
- Schnelle, markante Erwärmung und/oder starke Sonneneinstrahlung erhöhen die Lawinengefahr.
- Schlechte Sicht (Nebel) erschwert die Beurteilung.

## Gelände

### Steilheit

Ab einer Hangneigung von 30 Grad ist ein Lawinenabgang möglich. Je steiler ein Hang, desto gefährlicher ist er. Mithilfe der Grafischen Reduktionsmethode (GRM, S.18 u. 158) lässt sich durch die Kombination der Hangsteilheit mit der Lawinengefahrenstufe das Risiko abschätzen.

### Exposition und Höhenlage

Lawinenhänge sind oft schattig, kammnah und mit Triebschnee geladen. Oberhalb der Waldgrenze sind die Verhältnisse häufig deutlich kritischer, vor allem weil der Wind stärker bläst, die Lufttemperatur abnimmt und die Niederschlagsmenge tendenziell zunimmt. Im Lawinenlagebericht werden in der Regel die Hangexpositionen und Höhenlagen erwähnt, wo die Gefahr besonders ausgeprägt ist.

## Faktor Mensch

Eine Lawinenverschüttung ist meistens kein Zufall. Nur knapp fünf Prozent der Lawinenopfer werden von einer Lawine erfasst, die spontan (also ohne menschliches Dazutun) niedergeht. In den allermeisten Fällen wird die Lawine von den Betroffenen selbst oder einer Begleitperson ausgelöst. Durch das eigene Verhalten kann das Risiko stark erhöht oder verringert werden. Auch spielen dabei die Gruppengröße, die Kompetenz und die Ausrüstung eine wesentliche Rolle.

### Gruppengröße

Je größer die Gruppe ist, umso größer wird das Risiko einer Lawinenauslösung.

Gründe dafür sind:

- größere Belastung der Schneedecke (je nach Verhalten)
- größere Wahrscheinlichkeit, einen kriti-

Typisches Lawinengelände: steil und schattig

Je größer die Gruppe, umso größer wird das Lawinenrisiko.

schen Ort für eine Lawinenauslösung zu treffen, da jeder eine neue Spur fahren möchte

- langsamer und schwerfälliger beim Entscheiden und beim Umsetzen von Maßnahmen
- schwierigere Kommunikation
- risikoreicheres Verhalten durch erhöhtes, aber falsches Sicherheitsgefühl

## Kompetenz

Touren sollten immer dem Können und den Bedürfnissen der Gruppenteilnehmer angepasst sein. Eine Gruppe ist nur so gut und so schnell wie das schwächste Mitglied. Der Entscheidungsprozess ist bei nicht organisierten Gruppen ohne klare Rollenverteilung schwierig.

## Ausrüstung

Gute Ausrüstung verhindert noch keinen Lawinenunfall. Dies kann nur durch Prävention erreicht werden. Aber auch bei angepasstem Verhalten bleibt ein, zwar geringes, Restrisiko einer Lawinenverschüttung. Mit guter Ausrüstung können wir die Überlebenschance bei einer Lawinenverschüttung erhöhen.

Die Rettung bei einem Lawinenunfall ist ein Wettlauf gegen die Zeit. In den ersten 15 Minuten ist die Wahrscheinlichkeit noch relativ hoch, Verschüttete lebend zu bergen. Danach sinkt die Überlebenschance sehr schnell. Die Kameradenrettung ist daher von größter Bedeutung. Mithilfe des LVS (Lawinenverschüttetensuchgerät) können Verschüttete schnell geortet werden. Dies setzt voraus, dass alle Tourenteilnehmer unterwegs ihr LVS eingeschaltet am Körper tragen und mit der LVS-Suche vertraut sind. Die LVS müssen vor jeder Tour auf ihre Funktionstüchtigkeit überprüft werden (Funktionskontrolle). Zur Unterstützung bei der Ortung dient die Lawinensonde. Für das rasche Ausgraben von Verschütteten ist eine gute Lawinenschaufel unabdingbar. Folgende Ausrüstungsgegenstände gehören daher zur Standard-Notfallausrüstung:

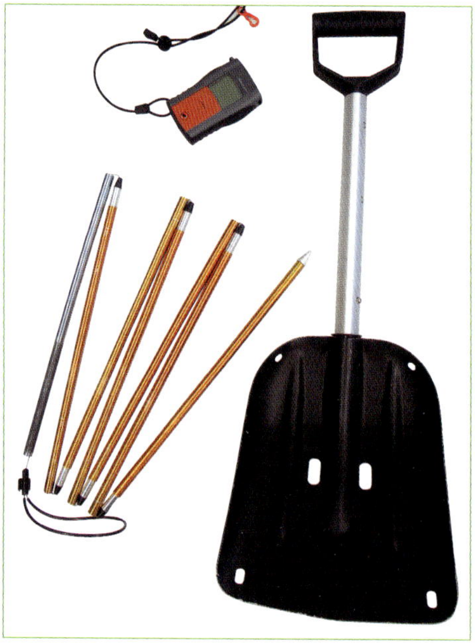

Standard-Notfallausrüstung: LVS, Schaufel und Sonde

› LVS (immer auf SENDEN gestellt am Körper tragen)
› Lawinenschaufel
› Lawinensonde

Zusätzliche Notfallausrüstung ist je nach Situation empfehlenswert. Lawinen-Airbags z. B. verringern die Verschüttungstiefe und sind nach dem Lawinenabgang oft im abgelagerten Schnee sichtbar. Mit der »Avalung« können Verschüttete im Schnee atmen.
Eine Lawinenerfassung kommt einem Absturz gleich, der zu schweren Verletzungen durch Kollision mit Bäumen oder Felsen führen kann. Je nach Gelände rückt diese Gefahr bei einer Lawinenerfassung sogar in den Vordergrund. Dieses Risiko können wir mit der Notfallausrüstung nur minimal reduzieren, z. B. durch das Tragen eines Helmes. In den Rucksack gehören zudem eine Karte zur Orientierung, Handy und/oder Funk für die Alarmierung (die Mobiltelefon-Netzabdeckung im Gebirge ist zum Teil lückenhaft), eine Notfallapotheke, Rettungsdecke sowie Sonnen- und Kälteschutz.

## Verhalten

Mit gezielten Verhaltensmaßnahmen kann im lawinengefährdeten Gelände das Risiko einer Lawinenerfassung reduziert werden.

Die effizientesten präventiven Verhaltensmaßnahmen sind:
› eine optimale Spuranlage; konvexe (rückenförmige) Geländeformen ausnutzen, die steilsten Hangpartien und frische Triebschneeansammlungen meiden, im grünen Bereich der GRM (S.18 u. 158) bleiben;
› das Einhalten von Abständen in Steilhängen und vor allem an Schlüsselstellen (mind. 10 m im Aufstieg, in der Abfahrt mehr);
› das einzelne Befahren von Steilhängen, insbesondere Schlüsselstellen;
› Anhalten in Gruppen auf »sicheren Inseln«, d. h. möglichst nicht am Fuß von Steilhängen.

Abstände im Aufstieg reduzieren das Lawinenrisiko.

# Risikoabschätzung und Risikoreduktion

## Typische Faktoren für erhöhtes Risiko

Folgende Faktoren führen oft zu einem erhöhten Risiko:

- Lawinengefahr auf Stufe 3 (erheblich) oder höher
- schlechte Sicht
- selten befahrene Hänge
- steiles, schattiges Gelände
- große Hänge, wenig kupiertes Gelände
- Absturzgefahr
- große Gruppe

Einzelne ungünstige Faktoren führen nicht zwingend zu einem hohen Risiko. Sind jedoch mehrere der oben erwähnten ungünstigen Faktoren vorhanden, steigt das Risiko deutlich an (Klumpenrisiko).

## GRM zur Risikoabschätzung

Die Grafische Reduktionsmethode (GRM) basiert auf der Reduktionsmethode, die der Schweizer Bergführer Werner Munter auf der Basis einer Lawinenunfallanalyse Anfang der 1990er-Jahre entwickelt hatte. Mit der GRM werden die beiden wichtigen Faktoren Gefahrenstufe und Hangsteilheit miteinander kombiniert. Dabei wird das Lawinenrisiko in die folgenden drei Bereiche eingestuft: geringes Risiko (grüner Bereich), erhöhtes Risiko (oranger Bereich) und hohes Risiko (roter Bereich). Auch bei geringem Risiko sind Lawinen in Hängen, die steiler sind als 30 Grad, möglich. Die Risikoabschätzung mit der GRM gilt für die ungünstigen Expositionen und Höhenlagen. Im Lawinenlagebericht werden die als generell ungünstig eingeschätzten Hanglagen oft erwähnt. Wenig Erfahrene bleiben in allen Hanglagen unter der schwar-

Sind mehrere Faktoren ungünstig, steigt das Risiko: Klumpenrisiko.

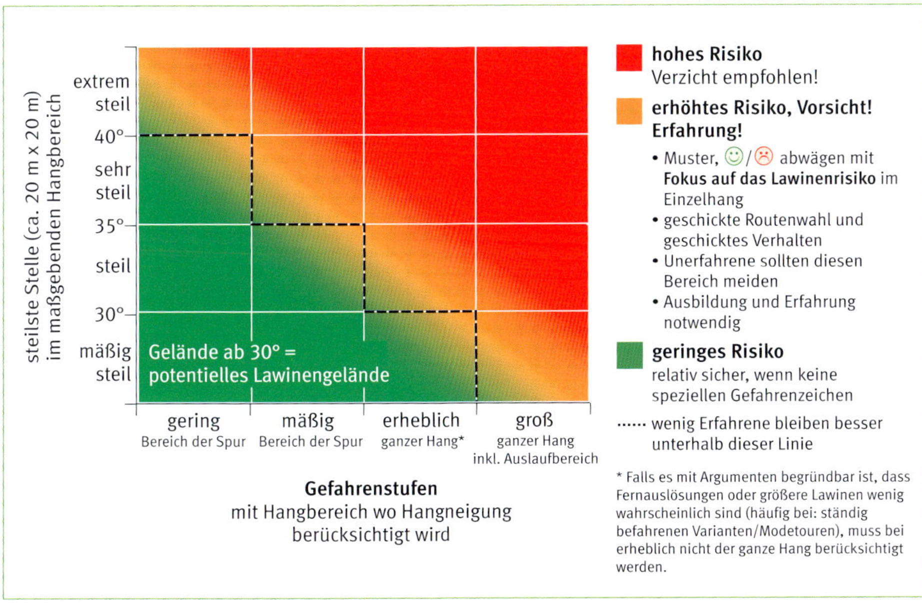


Die GRM zeigt die Tourenmöglichkeiten in Abhängigkeit von Gefahrenstufe und Hangneigung für die im Lagebericht als besonders kritisch erwähnten Hangexpositionen.

zen Linie und beschränken sich bei offensichtlichen Anzeichen für Lawinengefahr (z. B. Alarmzeichen, viel Neuschnee) auf mäßig steiles Gelände, also Hänge, die weniger als 30 Grad steil sind.

## Maßnahmen zur Risikoreduktion

Mit einfachen Maßnahmen können wir das Lawinenrisiko reduzieren, dies unabhängig von der Lawinengefahrenstufe.

**»Safer Six«** – sechs Punkte, die wir immer beachten:

1. Orientierung über Wetter und Lawinensituation;
2. laufende Neubeurteilung unterwegs;
3. LVS auf »Senden« stellen, Schaufel und Sonde dabeihaben;
4. frische Triebschneeansammlungen umgehen;
5. Schlüsselstellen und extreme Steilhänge einzeln befahren;
6. tageszeitliche Erwärmung beachten.

Auch bei günstigen Verhältnissen sind präventive Maßnahmen – wie Schlüsselstellen einzeln abfahren – angebracht.

# T Schnee und Lawinen

Schnee ist ein hochtemperiertes Material. Das heißt, er befindet sich nahe am Schmelzpunkt. Eisen zum Vergleich würde dann schon glühen. Schnee kann sich deshalb, beeinflusst durch Kälte, Wärme, Regen, Sonne und Wind, leicht verändern. In diesem Kapitel wollen wir die typischen Veränderungen, die der Schnee durchlaufen kann, erläutern und die Eigenschaften, welche für die Lawinenbildung entscheidend sind, darstellen. Das Kapitel beschreibt ebenfalls die für den Wintersportler wichtigsten Lawinenarten.

## Schnee und seine Struktur

Eiskristalle bilden sich in der Atmosphäre. Sie fallen meist als sechseckige Schneekristalle vom Himmel. Nach der Ablagerung verbinden sich die Schneekristalle miteinander. Es entsteht eine hochporöse Schneeschicht aus Eis, Luft und allenfalls wenig Wasser. Der Luftanteil liegt zwischen 70 und 90 Prozent. Die Größe der Poren und die Stärke der Bindungen zwischen den verbundenen Eiskristallen sind entscheidend für die Festigkeit des Schnees und damit für die Lawinenbildung.

### Schnee als poröses Material

Schnee ist ein poröses Material ähnlich wie ein Schwamm. Er hat Hohlräume aus Luft und eine Struktur, die durch die Verbindung von Eiskörnern gegeben ist (Bindungen). Je nach Anzahl und Stärke der Bindungen der Eiskörner lässt sich die Struktur unterschiedlich einfach brechen. Schnee mit großen, eckigen Eiskörnern hat weniger Bindungen und größere Hohlräume als Schnee mit kleinen, runden Körnern. Die Struktur des Neuschnees bei-

Der erste Moment einer Schneebrettlawinenauslösung

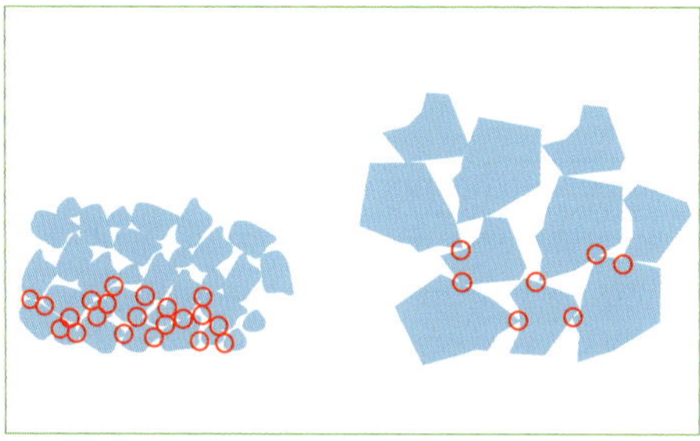

Schnee aus kleinen, runden Eiskörnern (links) hat mehr Bindungen und kleinere Hohlräume und damit höhere Festigkeit als Schnee aus großen, kantigen Körnern (rechts; schematisch).

**KURZ UND KNAPP**

Schnee ist hochporös und besteht aus Luft und Eis und allenfalls wenig Wasser. Weicher Schnee mit großen Hohlräumen (Poren) in der Struktur ist bruchanfällig.

spielsweise lässt sich einfach brechen. Die Hohlräume sind relativ groß und die Verbindungen zwischen den einzelnen Eiskristallen schwach. Neuschnee ist deshalb auch sehr weich. Eine gefrorene Schmelzharschkruste hingegen ist sehr hart und nur mit großem Kraftaufwand zu brechen. Eine Schmelzharschkruste hat starke Bindungen zwischen den Eiskörnern.

## Sintern und Brechen

Wenn sich zwei Eiskörner berühren, so verbinden sie sich. Sie wachsen langsam immer mehr zusammen – sie sintern. Die verbundenen Eiskörner ergeben mit der Luft dazwischen die Struktur des porösen Schnees. Je runder die Eiskörner, je höher die Temperatur und je größer der Druck, desto mehr versintern die Körner und die Bindungen werden stärker – die Festigkeit nimmt zu. Wenn wir z. B. zwei »warme« (nahe bei 0 °C) Schneebälle aneinanderdrücken, so kleben sie schnell zusammen; bei »kaltem« Schnee (rund –10 °C) geht dies nicht so schnell. Je länger und je fester zwei Bälle aneinandergedrückt werden, umso besser halten sie zusammen. Unter der natürlichen Belastung des Eigengewichtes und bei der Bewegung des Schnees am Hang können die Verbindungen zwischen den Eiskörnern auch immer wieder brechen. Solange nur einzelne Bindungen brechen und sich gleichzeitig neue bilden, passiert nicht viel. Wenn aber mehr Bindungen brechen als neue entstehen und alle Brüche konzentriert (vermutlich im Zentimeterbereich) stattfinden, kann ein Riss entstehen und dieser sich unter gewissen Umständen fortpflanzen, sodass schließlich eine Schneebrettlawine abgehen kann (siehe Kap. Schneebrettauslösung, S. 32).

## Schneearten

Wenn wir etwas Schnee aus einer Schneeschicht herausnehmen und die einzelnen Körner anschauen, so betrachten wir nur Fragmente der Schneestruktur. Jede Schneestruktur hat für sich jeweils charakteristische Eiskörner, da sie durch einen letztlich einzigartigen Bildungs- und Umwandlungsprozess entstanden ist. Trotzdem lassen sich die Schneekörner aufgrund ihrer Form grob klassifizieren. Die wichtigsten Schneearten sind:

- Neuschnee
- Graupel
- Filz
- kleine runde Formen
- kantig aufgebaute Formen
- Schwimmschnee
- Schmelzformen
- Schmelzharschkruste
- Oberflächenreif

## DIE WICHTIGSTEN SCHNEEARTEN

| Bezeichnung | Symbol | Foto | Entstehung | Eigenschaft und Bedeutung für Lawinenbildung |
|---|---|---|---|---|
| Neuschnee | + |  | In der Atmosphäre gebildete, frisch abgelagerte Schneekristalle | Kurzlebige Schneeart. Die Verästelungen runden sich schnell ab und führen zu einer Setzung des Schnees. Der Schnee wird dadurch gebunden und eignet sich als Schneebrett. Neuschnee kann auch für eine kurze Dauer (ca. 1 Tag) als Schwachschicht dienen. |
| Filz | ⁄ |  | Entsteht durch Abbau des Neuschnees. Oft ist der Neuschnee bereits filzig, wenn er am Boden ist. | Im Abbaustadium des Neuschnees gebunden und als Brett geeignet. |
| Graupel | △ |  | Form von Niederschlag, entsteht oft bei schauerartigen Niederschlägen. Oft vermischt mit dem Neuschnee. | Kann Schwachschichten bilden. Diese sind jedoch nur über kurze Zeit kritisch. |
| Kleine runde Formen | ● |  | Entstehen nach Setzung des Neuschnees oder bei mechanischer Zertrümmerung von Schneekristallen (z.B. durch Wind) | Dicht verpackte Schneestruktur mit kleinen Körnern. Eignet sich als Schneebrett, jedoch nicht als Schwachschicht. Die Eigenschaft der Schneestruktur ändert sich langsam. |
| Kantig aufgebaute Formen | □ |  | Entstehen als Folge der aufbauenden Umwandlung | Schneestruktur mit kantigen Eiskörnern. Je größer die Körner, desto schwächer ist die Schneestruktur. Sie eignet sich als Schwachschicht. Die Eigenschaft der Schneestruktur ändert sich langsam. |
| Schwimmschnee | Λ |  | Extremform von aufgebautem Schnee. Entsteht bei sehr großen Temperaturgradienten. | Becherartige Eiskörner in der Schneestruktur. Weicher und bruchanfälliger Schnee. Ideale Schwachschicht. Die Eigenschaft der Schneestruktur ändert sich langsam. |
| Schmelzformen | ○ |  | Entstehen durch Schmelzprozesse im Schnee | Nasser Schnee, weich. Wassergehalt im Schnee und Größe der Körner sind entscheidend für die Festigkeit der Schneestruktur. Große, sehr nasse Körner eignen sich als Schwachschicht. |
| Schmelzharschkruste | ∞ |  | Entsteht durch Wiedergefrieren von Schmelzformen | Harte und stabile Schneestruktur. Oft einige Zentimeter mächtig. |
| Oberflächenreif | V |  | Kristalle, die durch Deposition von Feuchtigkeit aus der Luft auf kalter Schneeoberfläche wachsen. Entsteht v.a. bei klaren Nächten und relativ feuchter Luft. | Bildet eine sehr schwache Schneestruktur. Ideale Schwachschicht, wenn eingeschneit. |

Struktur des Schnees (dreidimensional dargestellt mithilfe eines Computertomografen): Neuschnee (links), Triebschnee (Mitte), kantig aufgebauter Schnee (rechts). Die Kantenlänge der Würfel beträgt 3,6 mm.

## Schneeumwandlung

Schnee verändert sich laufend. Der Schneekristall, der vom Himmel fällt, bleibt nicht lange bestehen. Er verbindet sich mit dem darunterliegenden Schnee und wandelt sich ständig um, je nach Temperaturverhältnissen, Dichte des Schnees und Gewicht des darüberliegenden Schnees. Durch diese Schneeumwandlung, auch Metamorphose genannt, ändern Eiskörner und Bindungen ihre Form und Größe. Grob betrachtet kann die Schneeumwandlung als eine Umlagerung von Eismasse von Korn zu Korn oder von Korn zu Bindung betrachtet werden.

In der trockenen Schneedecke geschieht die Massenumlagerung primär über den mit Luft gefüllten Porenraum: Eis geht von der Oberfläche eines Kornes in den gasförmigen Zustand (Wasserdampf) über und lagert sich an einem benachbarten Eiskorn wieder als Eis ab. Ob sich die Körner dabei eher abrunden oder zu größeren Körnern mit Kanten und Ecken wachsen, hängt maßgeblich von den Temperaturverhältnissen in der Schneedecke ab. Wichtig ist insbesondere der Temperaturunterschied pro Höheneinheit: der **Temperaturgradient.**

**KURZ UND KNAPP**

Der Temperaturgradient beschreibt den Temperaturunterschied in der Schneedecke pro Höheneinheit. Er spielt bei der Schneeumwandlung eine wichtige Rolle. Die Temperatur an der Schneeoberfläche sowie die Gesamtschneehöhe beeinflussen den Temperaturgradienten.

Gibt es in der Schneedecke, vor allem nahe der Schneeoberfläche, innerhalb einiger Zentimeter große Temperaturunterschiede, kann sich innerhalb von nur zwölf Stunden die Schneestruktur komplett verändern.

Wir können die Schneeumwandlung je nach den Temperaturverhältnissen in der Schneedecke folgendermaßen unterteilen:

- abbauende Umwandlung
- aufbauende Umwandlung
- Schmelzumwandlung

### Abbauende Umwandlung

Durch thermodynamische Prozesse werden die verästelten Neuschneekristalle abgerundet und entwickeln sich zu kleinen runden Körnern. Dabei sind die Temperaturunterschiede in der Schneedecke eher gering. Das Volumen nimmt ab,

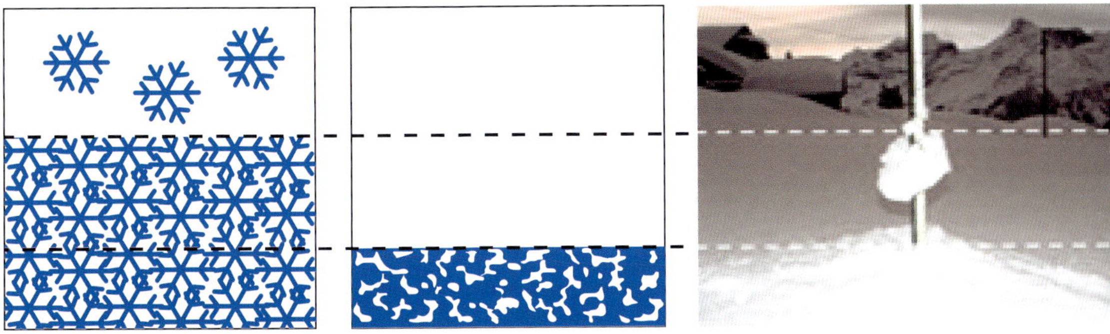

Innerhalb von 24 Stunden hat sich 1 m Neuschnee um 30 cm gesetzt. Die Neuschneekristalle haben sich zu runden Körnern umgewandelt. Das Volumen hat abgenommen.

weil Porenraum und Eiskörner kleiner werden. Es entstehen mehr Bindungen, und es kommt zu einer langsamen Setzung der Schneedecke. Das Eigengewicht des Neuschnees führt zudem zu einer größeren Setzung in den unteren Neuschneeschichten. Als Folge der Setzung wird der Neuschnee gebunden und brettartig. »Warme« Temperaturen in der Schneedecke im Bereich von 0 °C bis −5 °C führen zu einem relativ schnellen Setzungsprozess.

## Aufbauende Umwandlung

Je wärmer ein Schneekorn ist, desto mehr Eis verdampft als unsichtbarer Wasserdampf in den Porenraum. Gibt es in der Schneedecke auf kleinem Raum Temperaturunterschiede, was praktisch immer der Fall ist, kommt es demnach zu einem Wasserdampfgefälle. Um die wärmeren Körner herum gibt es mehr Wasserdampf als um die kälteren. Die Natur ist bestrebt das Gefälle auszugleichen: Es entsteht daher ein Massentransport in Form von Wasserdampf

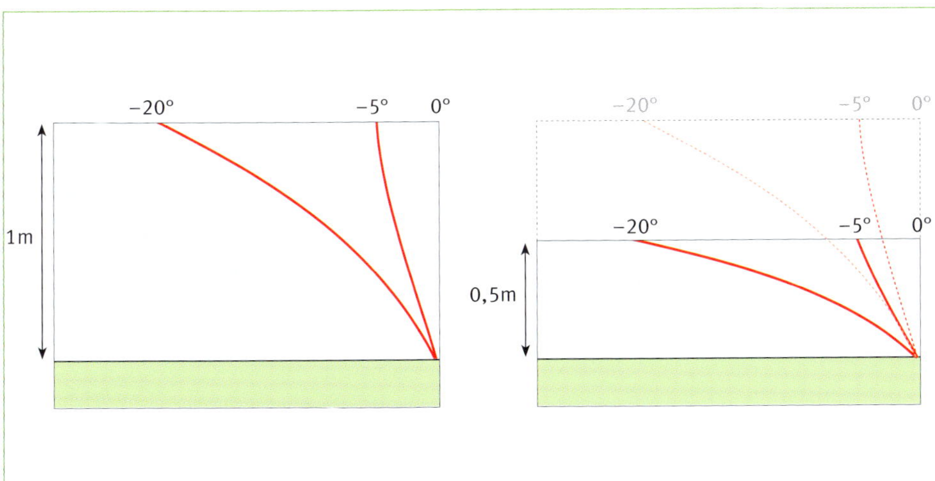


Unterschiedlicher Temperaturgradient bei unterschiedlicher Schneemächtigkeit, aber gleicher Oberflächen- und Bodentemperatur. Je flacher die Kurve ist, desto größer ist der Gradient.

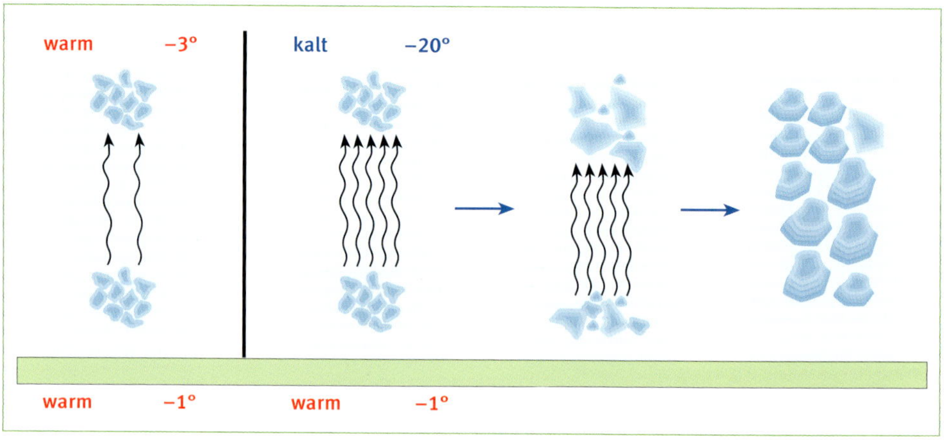


Schneeumwandlung bei Temperaturgradienten in immer gleicher Richtung. Je größer der Temperaturgradient, desto größer der Wasserdampftransport. Mit der Zeit entstehen große, kantige Kristalle.

von wärmeren Körnern zu kälteren Körnern. Je größer der Temperaturunterschied in der Schneedecke ist, desto größer wird das Überangebot an Wasserdampf. Die Eisablagerung an den kälteren Körnern führt dann zur Bildung von neuen Körnern mit größeren, kantigen Formen: Die Körner wachsen – die Umwandlung geht schneller.

Martin Schneebeli und Bernd Pinzer zeigten, dass auch von diesen großen Körnern, auf der anderen Seite, wieder Eis verdampft, sodass der Massenumsatz in der Schneedecke wesentlich intensiver ist als bisher angenommen. Dies ist im Gelände jedoch kaum zu erkennen, da sich die Schneestruktur unter Umständen dabei gar nicht wesentlich verändert.

Der Temperaturgradient kann immer in die gleiche Richtung gehen oder die Richtung wechseln. Dies beeinflusst die Entwicklung der Schneestruktur.

### Gleichgerichteter Temperaturgradient

Ist der oberflächennahe Schnee kälter als der weiter unten liegende, so ist der Temperaturgradient immer gleich gerichtet und der Dampfaustausch findet von unten nach oben statt (z. B. an schönen Wintertagen in Schattenhängen). Es entstehen immer größere, kantige Formen. Im Endstadium können sogar hohle Becherkristalle mit einigen Millimetern Durchmesser entstehen. Solcher Schnee wird auch Schwimmschnee genannt.

**KURZ UND KNAPP**

Je größer der Temperaturgradient, umso schneller ist die aufbauende Umwandlung. Eingeschneiter stark aufgebauter Schnee bildet eine für die Lawinenbildung wichtige, bruchanfällige Schwachschicht.

**KURZ UND KNAPP**

Große Temperaturgradienten entwickeln sich vor allem im Früh- oder Hochwinter bei wenig Schnee und tiefer Lufttemperatur – aber auch oberflächennah als Folge intensiver Abstrahlung. Generell wandelt sich die Schneedecke bei klarem, kaltem Wetter ungünstig um.

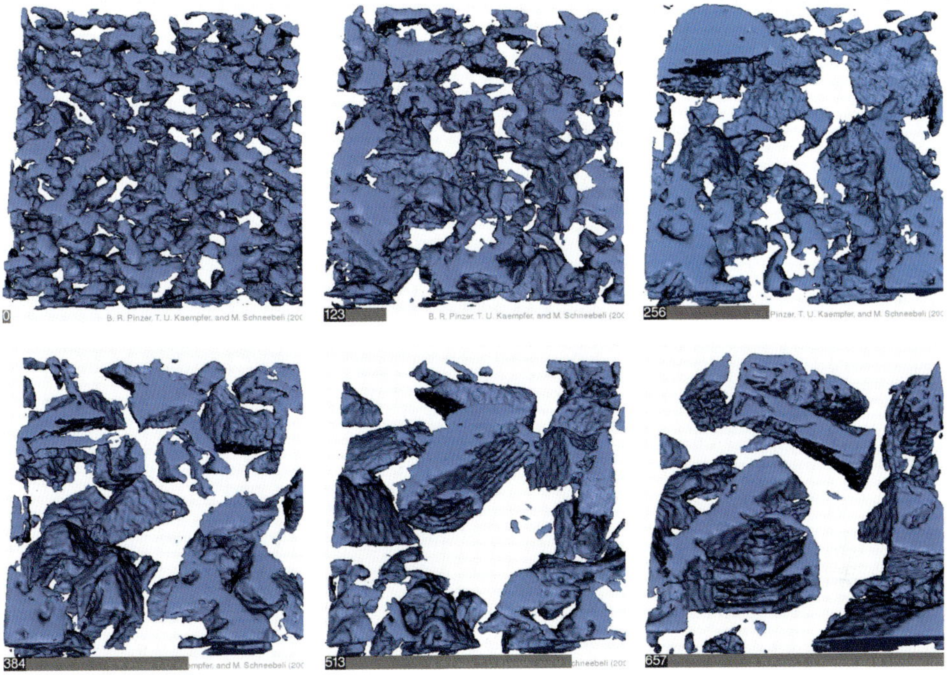


Veränderung einer Schneeprobe (3,6 x 3,6 x 1,2 mm) im Labor. Innerhalb von 27 Tagen hat sich die feinkörnige Struktur (links oben) in die becherartige Struktur (rechts unten) umgewandelt. Der Temperaturgradient betrug 50 °C/m; die Temperatur in der Mitte der Schneeprobe betrug –5.5 °C.

### Temperaturgradient mit Richtungswechsel

Aufgrund der Sonneneinstrahlung und der tageszeitlichen Schwankung der Lufttemperatur ändert sich die Schneetemperatur in den obersten Dezimetern der Schneedecke. Dies führt dazu, dass am Tag die Schneeoberfläche wärmer ist als der Schnee weiter unten; in der Nacht ist es umgekehrt. Der Temperaturgradient wechselt dadurch alternierend das Vorzeichen und entsprechend wechselt der Dampfaustausch seine Richtung von Tag zu Nacht. Es entstehen zwar auch größere Körner, die jedoch wegen des Richtungswechsels des Dampfflusses weniger kantig werden. Eine derartige oberflächennahe Schneeschicht ist, wie eine kantig aufgebaute Schicht, wenig gebunden. Sie ist locker und kann, wenn sie eingeschneit wird, ebenfalls eine bruchanfällige Schwachschicht bilden. Dieser Schnee wird auch als Pulverschnee bezeichnet, weil das Skifahren darin ähnlich leicht vonstattengeht wie im Neuschnee.

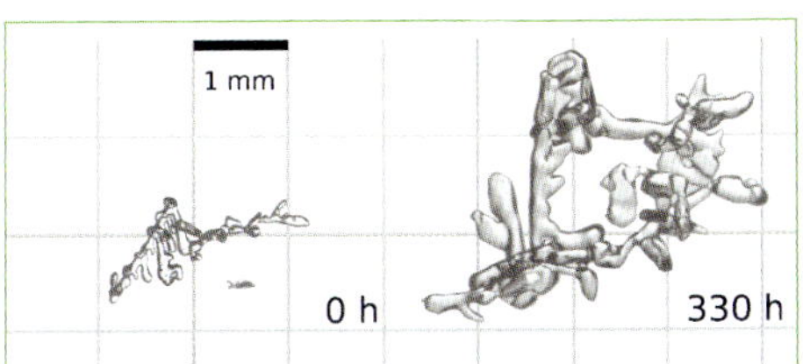


Veränderung des Schnees im Labor aufgrund wechselnder Temperaturgradienten. Links: Neuschnee, rechts: aufgebauter Schnee nach 330 Stunden.

## Schmelzumwandlung

Erwärmt sich der Schnee auf 0 °C, beginnt er bei weiterer Wärmezufuhr (primär durch Sonneneinstrahlung, aber auch bei Re-

Durch Schmelzumwandlung veränderte Eiskörner des Schnees; Bildausschnitt: 4,3 x 3,2 mm

gen) zu schmelzen. Es bildet sich Wasser im Porenraum. Sind die Körner von Wasser umgeben, so wandeln sie sich schnell in große, runde Körner um. Es entstehen Schmelzformen. Mit zunehmendem Wassergehalt lösen sich die Kornverbindungen auf und der Schnee verliert seinen Zusammenhalt; die Festigkeit nimmt markant ab.

Gefriert nasser Schnee wieder, so kommt es zu festen Bindungen zwischen den Körnern und stabilen Schichten. Geschieht das Schmelzen und anschließende Gefrieren nur oberflächlich, so bildet sich eine Harschkruste. Diese ist besonders im Frühling meist stabil.

Mit fortlaufender Durchfeuchtung findet ein Setzungsprozess statt. Die Schneedecke verdichtet sich und beginnt abzuschmelzen. Sie wird dadurch laufend stabiler.

## Schneedecke

Die Schneedecke entwickelt sich während des ganzen Winters. Der erste Schnee vom Herbst liegt am Boden, der Neuschnee der letzten Niederschlagsperiode zuoberst. Dazwischen ist quasi die Geschichte des ganzen Winters verpackt. Durch das Wetter und durch Umwandlungsprozesse verändert sich der Schnee laufend und die verschiedenen Schichten ändern fortwährend ihre Eigenschaften. Der Aufbau der Schichten ist maßgebend für die Lawinenbildung (siehe Kap. Lawinenbildung und Lawinenarten, S. 30). Je unterschiedlicher die Eigenschaften der Schichten sind, desto wahrscheinlicher ist es, dass es zu Schneebrettlawinen kommen kann.

Da Schnee ein verformbares Material ist, bewegt sich die Schneedecke unter dem Einfluss der Schwerkraft wie ein Gletscher hangabwärts. Der Schnee kriecht innerhalb der Schneedecke. Die Schichten an der Oberfläche »kriechen« dabei schneller als die bodennahen Schichten. Wenn sich auch die unterste Schicht auf dem Boden bewegt, handelt es sich um Gleiten. Bei beiden Prozessen können große Kräfte entstehen, die auch Schäden an Objekten (z. B. Leitplanken) anrichten können.

### Kriechen

Setzt sich eine Schneedecke am Hang aufgrund ihres Eigengewichtes, so beginnt sie zu kriechen. Die oberen Schneeschichten bewegen sich weiter hangabwärts als die unteren. Im Gegensatz zum Gleiten

Wie ein zäher Gummi kriecht die Schneedecke langsam talwärts.

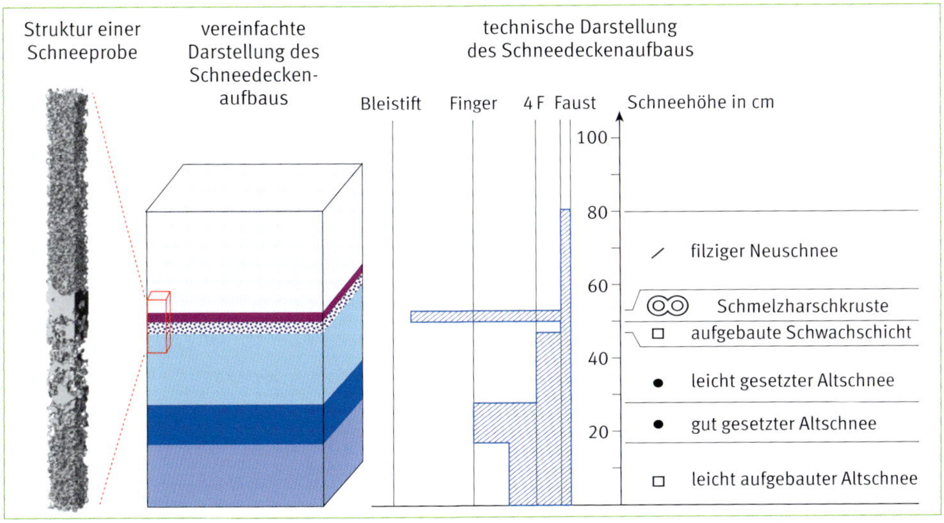


Die Schneedecke besteht aus verschiedenen Schichten. Links: Struktur einer 7 cm mächtigen Schneeprobe mit dünner Kruste und Schwachschicht darunter. Mitte: Je dunkler die Schichten in der vereinfachten Darstellung sind, desto härter und dichter ist der Schnee. Die Kruste ist violett dargestellt. Rechts: Technische Darstellung des Schneedeckenaufbaus.

bleibt die Schneedecke aufgrund der Bodenrauigkeiten am Boden haften. Die Kriechbewegung ist sehr langsam und mit bloßem Auge nicht sichtbar. Je wärmer der Schnee ist, desto stärker kriecht er. Die größten Kriechbewegungen erfolgen während der Setzungsphase nach Neuschneefällen.

## Gleiten

Durch die Hangabwärtsbewegung kann die Schneedecke auf dem Boden langsam abgleiten. Dazu müssen zwei Bedingungen erfüllt sein:

› Die Bodenoberfläche muss glatt sein, also zum Beispiel eine Wiese oder Felsplatte.

› Die Grenzschicht zwischen der Schneedecke und dem Untergrund muss feucht oder nass sein. Dies ist besonders dann erfüllt, wenn der Boden warm ist und er die Schneedecke von unten her anfeuchtet, z. B. bei frühem Einschneien im Herbst, wenn der Boden noch warm ist.

Schneegleiten ist ein langsamer Prozess (mit einer Geschwindigkeit von einigen Millimetern bis Dezimetern pro Tag). Es entstehen dabei typische Gleitschneerisse, die auch **Fischmäuler** genannt werden. Sie sind ein Zeichen dafür, dass in der Schneedecke bereits große Bewegungen stattgefunden haben und sich dadurch die Schneedecke in sich verfestigt hat. Wenn der Schnee auf dem Boden ins Gleiten kommt, ist dies ein Hinweis dafür, dass keine ausgeprägten Schwachschichten innerhalb der Schneedecke vorhanden

Gleitbewegung der gesamten Schneedecke am Boden

sind. Denn sonst hätten diese Bewegungen Brüche in einer Schwachschicht erzeugen können. Ein Gleitschneeriss, der sich über Tage bis mehrere Wochen ausweitet, kann plötzlich zu einer Gleitschneelawine führen (siehe Kap. Gleitschneelawinen, S. 39). Je wärmer der Schnee und je steiler der Hang ist, desto größer sind die Kriech- und Gleitbewegungen.

## Schwachschichten

Eine Schwachschicht in der Schneedecke hat eine Struktur mit großen Hohlräumen und nur wenigen Bindungen zwischen den meist großen Eiskörnern.

Entsprechend ist eine Schwachschicht:

- weich,
- durch die großen Poren auch lichtdurchlässiger,
- bruchanfällig, d. h. sie fällt leicht in einzelne Teile auseinander und
- kollabierfähig, d. h. die einzelnen Eiskörner können nach dem Bruch dichter gepackt werden.

## Lawinenbildung und Lawinenarten

Lawinen brechen entweder linienförmig als Schneebrettlawine oder punktförmig als Lockerschneelawine an. Für Wintersportler ist besonders die Schneebrettlawine gefährlich. Schon durch geringe Zusatzlast kann sich tonnenweise Schnee in wenigen Sekunden in Bewegung setzen und schnell talwärts fließen. Der Schnee kann trocken oder nass sein. Lawinen können spontan abgehen oder vom Menschen ausgelöst werden. Bei großen Fallhöhen von Schneebrettlawinen vermischt sich Schnee mit Luft und es entstehen Staublawinen mit großem Zerstörungspotenzial.

Lawinenunfälle mit Verletzungs- oder Todesfolge von Wintersportlern in der Schweiz verteilten sich in den letzten 40 Jahren wie folgt:

- Gut 95 % der Lawinen waren Schneebrettlawinen.
- 82 % waren trocken und 18 % nass.
- Knapp 5 % gingen spontan ab.

Die lichtdurchlässigen, schwachen Basisschichten sind gut zu erkennen.

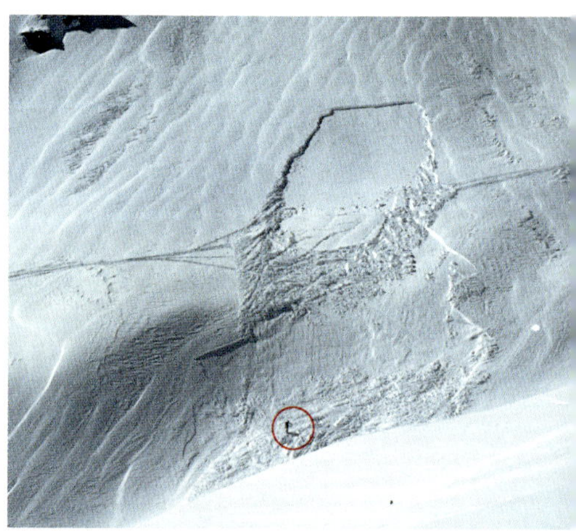

Diese relativ kleine Lawine (ca. 30 m breit) staute sich in einem Bach und forderte ein Todesopfer (rot markiert: eine Person am Verschüttungsort).

## TYPISCHE SCHWACHSCHICHTEN

| Typ | Beschreibung | Entstehung | Eigenschaft und Erkennbarkeit | Lebensdauer |
|---|---|---|---|---|
| A | Oberflächenreif | klare, kalte und feuchte Nächte | sehr dünn, beim Einschneien oft nicht mehr flächig vorhanden, schwierig zu erkennen | wenn eingeschneit, einige Wochen |
| A | aufgebaute Schnee-oberfläche mit kantigen Formen | nach schöner und kalter Periode, oft bei wenig Schnee | oft flächig, relativ leicht erkennbar, da meist mehrere Zentimeter mächtig | Wochen bis Monate |
| B | Neuschnee | während Schneefalls | flächig vorhanden: während Schneefalls muss mit dieser Art von Schwach-schicht gerechnet werden. | einige Stunden bis 1 Tag |
| B | Graupel | während Schneefalls | weniger flächig vorhanden, oft relativ dünn und schwierig zu erkennen | ca. 1–3 Tage |
| C | Schwimmschnee | wenig Schnee und lange Kälteperiode | großkörnige z. T. becherige Schneefor-men, meist gut erkennbare Schichten | Wochen bis Monate |
| D | schwache Struktur oberhalb oder unter-halb von Krusten | aufgrund von grossen Temperaturunter-schieden im Bereich von Krusten | oft sehr dünn und relativ flächig (oft an Südhängen!), die Krusten sind leicht erkennbar, die Schwach-schichten weniger. | Tage bis Wochen |
| E | feuchte, markante Schichtgrenzen | durch Wasserfluss in der Schneedecke Ansammlung von Wasser an markanten Schichtgrenzen | relativ stabile Schichtverbindung kann sich wieder schwächen, relativ schwierig zu erkennen | einige Stunden |

Typen
A: lockere Altschneeoberflächen, die eingeschneit werden
B: Schwachschichten im Neuschnee selber
C: gesamte Schneedecke schwach aufgebaut
D: Schwachschichten im Bereich von Krusten
E: markante Schichtgrenzen, die angefeuchtet werden

## Gefährliche Schneebrettlawinen

Schon ein einzelner Wintersportler kann eine Schneebrettlawine auslösen. Es löst sich in Sekundenschnelle eine ganze Schneetafel und gleitet als Schneebrett-lawine den Hang hinunter. Der Winter-sportler hat meist keine Chance zu ent-kommen und wird mitgerissen. Er kann abstürzen oder verschüttet werden. Beim Absturz kann man sich tödlich ver-letzen, bei der Verschüttung droht schon nach wenigen Minuten Erstickungsge-fahr. Die typische »Skifahrerlawine« ist im Mittel 50 Meter breit, 200 Meter lang und durchschnittlich 50 Zentimeter mächtig.

Die Gefahr, von Schneebrettlawinen mitgerissen und verschüttet zu werden, ist groß.

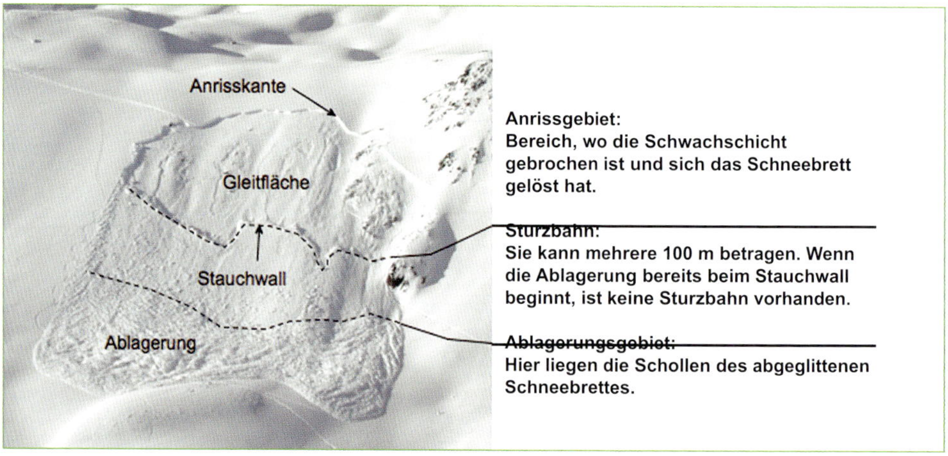


Bereiche einer Schneebrettlawine

## Schneebrettauslösung

Voraussetzung für eine Schneebrettlawine ist ein Bruch in einer Schwachschicht unter einem Schneebrett. Der Bruch ist nicht – wie bisher meist angenommen – ein einfacher Scherbruch, sondern beruht auf einer seltenen Art des Versagens, welches in der Fachliteratur als »Antiriss« bezeichnet wird. Die Schwachschicht kollabiert aufgrund der kombinierten Scher- und Druckbelastung. Durch das lokale Zusammenbrechen der Schwachschicht senkt sich das darüberliegende Schneebrett leicht ab. Durch diese Absenkung wird zusätzlich Energie freigesetzt, welche die Bruchfortpflanzung begünstigt. Diese Vorstellung der Schneebrettauslösung ist vor allem durch das »Antiriss«-Modell von Joachim Heierli geprägt. Sie erklärt auch, wie es zu Fernauslösungen kommen kann, und unterstützt das Prozessdenken in der Praxis (siehe Kap. Prozessdenken und Risikodenken, S. 146).

Eine Schneebrettauslösung kann in drei Phasen unterteilt werden.

### Bruchbildung oder Bruchinitiierung

Ist eine ausgeprägte Schwachschicht vorhanden, kann ein Skifahrer durch seine lokale, rasche Belastung die Struktur dieser Schicht in einem kleinen Bereich zerstören. Dabei brechen benachbarte Bindungen zwischen den Eiskörnern der Schwachschicht. Dies ist jedoch nur möglich, wenn die Schwachschicht nicht zu tief unter der Einsinktiefe des Wintersportlers liegt (‹ 1 m; siehe Kap. Zusatzlast, S. 64). Neben der Tiefe spielt auch die Schichtung oberhalb der Schwachschicht eine wesentliche Rolle dafür, ob es zu Brüchen in der Schwachschicht unterhalb des Skifahrers kommt.

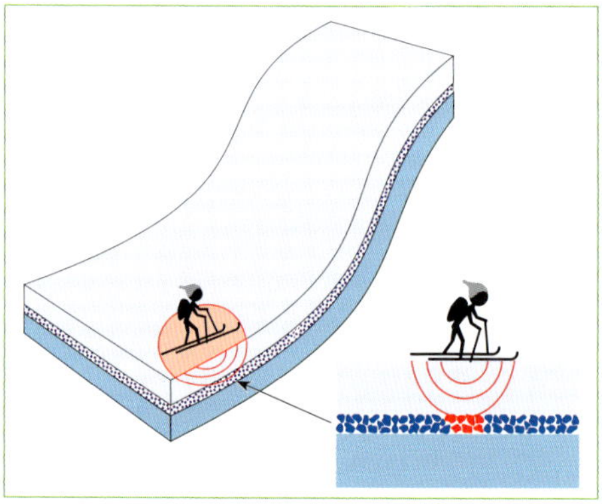

Bruchinitiierung durch Skifahrer (Fernauslösung): Es brechen viele schwache Bindungen in der Schwachschicht.

**KURZ UND KNAPP**

Bei der Bildung einer Schneebrettlawine bricht zuerst ein kleiner Bereich der Schwachschicht in sich zusammen wie ein Kartenhaus (Bruchinitiierung). Dabei senkt sich das darüberliegende Schneebrett ab und es wird Energie für die Bruchfortpflanzung frei. Ist der Hang genügend steil (mind. 30° in trockenem Schnee), gleitet die losgelöste Schneetafel ab.

## Bruchfortpflanzung

Ist die geschädigte Stelle in der Schwachschicht genügend groß (je nach Festigkeit der Schwachschicht einige bis Dutzende Quadratdezimeter), kommt es zu einem Bruchvorgang. Das darüberliegende Schneebrett verbiegt sich, senkt sich ab und setzt Energie frei. Am Rand der geschädigten Stelle entstehen dabei Spannungsspitzen.

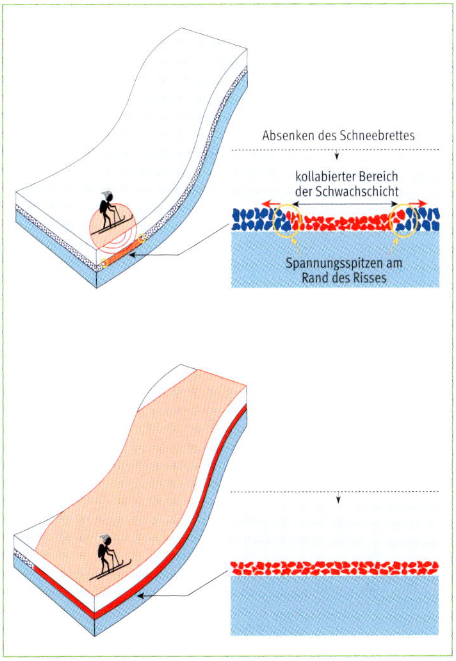


Kollabierte Schwachschicht und Absenken des Schneebretts (oben), Bruchfortpflanzung (unten)

Sichtbares Absenken der geschädigten Stelle nach der Bruchinitiierung durch den Skifahrer. Die Bruchfortpflanzung hat in diesem Fall nach wenigen Metern wieder aufgehört. Dies ist anhand der Risse, die zeigen, wie sich die gebrochene Fläche abgesenkt hat, zu erkennen.

Sind die Bindungen der Eiskörner an dieser Stelle ausreichend schwach, setzt sich die Bruchbildung in der Schwachschicht fort – es kommt zur Bruchfortpflanzung. Dadurch senkt sich auch das Schneebrett immer großflächiger ab. Da bei der dynamischen Bruchfortpflanzung große Energien frei werden, können auch stabilere Bereiche in der Schneedecke brechen, die durch Schneesportler nur schwer auslösbar wären.

Die durch den Bruch in der Schwachschicht frei werdende Energie ist primär abhängig von der Eigenschaft und Mächtigkeit der überlagernden Schichten, also dem Schneebrett sowie der Höhe des sich absenkenden Schneebrettes (Kollapshöhe). Aber auch die Schneeeigenschaft unmittelbar unterhalb der gebrochenen Fläche beeinflusst die frei werdende Energie. Je weicher diese Schicht gegenüber dem Schneebrett ist, umso mehr Energie wird frei.

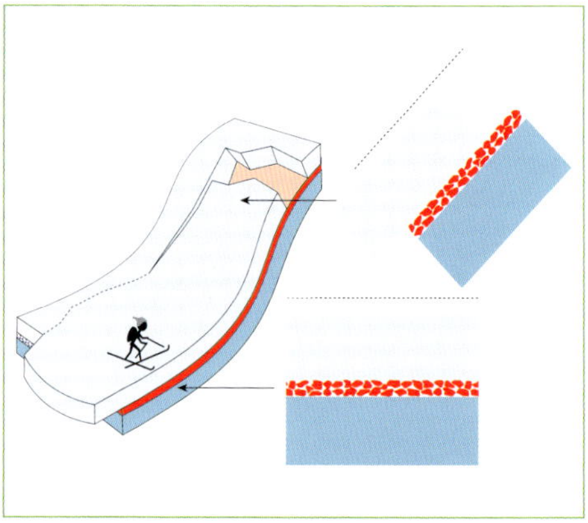

Abgleiten der losgelösten Schneetafel. Die gesamte Schneetafel hat sich abgesenkt und die Reibung zur Unterlage überwunden.

### Abgleiten des Schneebrettes

Nach einem großflächigen Bruch der Schwachschicht entscheidet die Reibung zwischen den frischen Bruchflächen, ob es zum Abgang der Lawine kommt. Dabei ist hier der Einfluss der Hangneigung entscheidend, im Gegensatz zur Bruchinitiierung und Bruchfortpflanzung. Je steiler, desto eher werden die Reibungskräfte überwunden und das Schneebrett gleitet ab. Die kritische Hangneigung für das Abgleiten liegt bei trockenem Schnee bei rund 30 Grad.

Für die Schneebrettauslösung spielen also nicht nur die Eigenschaften der Schwachschicht, sondern auch die der überlagernden Schichten des Schneebrettes eine wichtige Rolle, und zwar sowohl bei der Bruchbildung als auch bei der Bruchfortpflanzung. Eine Schneebrettlawine kann auch im flachen Gelände initiiert werden und sich in einen Steilhang fortpflanzen. Dies ist möglich, sofern die Schwachschicht und das darüberliegende Schneebrett überall ähnlich vorhanden sind.

Nach dem Abgang bleibt die Gleitfläche übrig. Diese entspricht nicht der Schwachschicht, die beim Abgleiten des Schneebrettes unter Umständen völlig zerstört wurde.

**EXPERTENTIPP**

Für die Bruchausbreitung muss Folgendes erfüllt sein:

- Die Schwachschicht muss durchgehend über viele Meter vorhanden sein.
- Der Schnee über der Schwachschicht muss genügend gebunden sein.

Folgende Faktoren fördern die Bruchausbreitung:

- kritische Schwachschicht
- mächtiger und »elastischer« Schnee über der Schwachschicht
- hohe Porosität der Schwachschicht

## Eigenschaften des Schneebrettes

Nebst der Schwachschicht, die kollabierfähige und schwache Strukturen aufweisen muss (siehe Kap. Schwachschichten, S. 30), ist für eine Lawinenauslösung die Existenz eines Schneebrettes darüber nötig. Die Eigenschaft des Schneebrettes ist dabei ebenso wichtig wie die Schwachschicht selber. Denn die Masse und die Eigenschaft des Schneebrettes bestimmen unter anderem, wie viel Energie für die Bruchausbreitung entstehen kann. Geeignete Schneebretter sind:

- weicher, gebundener Schnee wie z. B. frischer Triebschnee
- »warmer« Schnee (nicht nass)
- dichter und harter Schnee wie z. B. harter Triebschnee

Je mächtiger das Schneebrett ist, desto mehr Energie kann nach der Bruchinitiierung für die Fortpflanzung bereitgestellt werden. Dadurch können auch weniger schwache Bereiche einer Schwachschicht brechen und zu weiten Fortpflanzungen führen. Oft resultieren daraus große Lawinen. Andererseits ist eine Bruchinitiierung bei einem mächtigen Schneebrett wenig wahrscheinlich. Bei sehr mächtigen und brettartigen Schichten (z. B. 2 m verfestigter Schnee) sind sehr große Kräfte nötig, zum Beispiel eines Pistenfahrzeugs, um einen Bruch in einer Schwachschicht zu initiieren. Die Belastung eines Wintersportlers reicht dazu kaum aus. Der Wintersportler kann aber einen Bruch in einem Bereich erzeugen, wo das Brett weniger mächtig ist (siehe Kap. Zusatzlast, S. 64). Der Bruch breitet sich dann in diejenigen Bereiche aus, wo das Brett dick ist. Schwachschichten unter mächtigen Schichten werden tendenziell stabiler aufgrund der hohen Überlast.

Auch bei einem geeigneten Schneebrett ist eine Lawine noch lange nicht auslösbar, wenn sich darunter keine ausgeprägte Schwachschicht befindet. Die Schichtkombinationen, die kritisch sind und auch häufig vorkommen, werden in Kap. Typische Lawinensituationen – die vier Muster, S. 69 und Kap. Schneedeckenaufbau und Schneedeckentests, S. 117 beschrieben.

Als Schneebrett weniger geeignet ist:

- kohäsionsloser, lockerer Schnee: z. B. stark aufgebauter kantiger Schnee mit schwachen Strukturen (oft als Gries oder »Zuckerschnee« bezeichnet). Auch Neu-

Gebundener Schnee ist Voraussetzung für ein Schneebrett.

Dieser lockere Schnee bildet kein Schneebrett.

Anriss einer Unfalllawine: Mithilfe einer kleinen schwarzen Platte sieht man die Strukturunterschiede von Brett und Schwachschicht (Nahaufnahme rechts).

schnee, der bei Windstille fällt, ist in den ersten Stunden noch relativ locker und deshalb wenig auslösefreudig.

› Sehr nasser Schnee: Es bilden sich dann oft an der Oberfläche nasse Lockerschneelawinen.

Typische ungünstige Kombinationen von Schwachschicht und Schneebrett sind (mehr dazu siehe Kap. Schneedeckenaufbau und Schneedeckentests, S. 117):

› Triebschnee auf Neuschnee

› Neuschnee oder Triebschnee auf lockerer Altschneeoberfläche

› kalter Schnee auf warmem Schnee (ganz speziell auf Nassschnee!) und dadurch Bildung einer Schwachschicht aufgrund eines großen Temperaturgradienten

› gesetzter und verfestigter Altschnee auf Schwimmschnee

## Variabilität

Die Variabilität, d.h. die flächige Verbreitung, des Schneedeckenaufbaus spielt für die Bruchbildung und -fortpflanzung eine wichtige Rolle. Ist die Schwachschicht z. B. am Rande einer Initialbruchfläche trotz erhöhter Spannungskonzentrationen nicht schwach genug, um zu brechen, kann sich kein Bruch fortpflanzen. Es passiert nichts. Ein Beispiel mit Dominosteinen soll dies illustrieren: Steht beim fortlaufenden Umfallen einer Reihe von aufgestellten Dominosteinen ein massiver Klotz im Weg, so wird die Kettenreaktion gestoppt.

Ab einer Bruchfläche von rund zehn Metern Durchmesser kann sich ein genügend großes Schneebrett bilden, damit es für einen Wintersportler bedrohlich werden kann. Sind die Eigenschaften der Schneedecke innerhalb von zehn Metern sehr variabel, kann sich, auch wenn gewisse Stellen brechen, kaum eine Schneebrett-

**KURZ UND KNAPP**

Je kleinräumiger die Variabilität der Schneedecke im Meterbereich ist, umso weniger entstehen Schneebrettlawinen.

Wenn diese Spuren eingeschneit werden, herrscht eine große Variabilität des Schneedeckenaufbaus im Meterbereich.

**EXPERTENTIPP**

Skaleneinfluss der Variabilität in der Schneedecke

| | ☺ | ☹ |
|---|---|---|
| **variabel** | stabil-instabil < 2 m | stabil-instabil > 10 m → unberechenbar! |
| **homogen** | stabil → eher vorhersehbar | instabil → eher vorhersehbar |

lawine bilden und abgleiten. Das Schneebrett wird dann oft auch am Randbereich des Bruches gehalten.

Innerhalb eines Hanges ohne markante topografische Rauigkeiten und ohne viele Spuren ist es relativ unwahrscheinlich, dass im Meterbereich (< 2 m) stabile und instabile Stellen direkt nebeneinanderliegen. In solchen Hängen ist der Schneedeckenaufbau meistens über größere Flächen relativ ähnlich und entweder stabil oder instabil. Der Schneedeckenaufbau ist dort relativ gut vorhersehbar. Hingegen ist Variabilität auf größerer Skala (über mehr als 10 m hinweg) schwierig zu erkennen und kann gefährlich sein.

**EXPERTENTIPP**

Um die Variabilität zu beurteilen, helfen Kenntnisse über die Rauigkeit der Altschneeoberfläche vor dem letzten Schneefall.

Ist die Schneedecke im Meterbereich unterschiedlich (z. B. Wechsel von schwachen Stellen zu stabilen Stellen), so ist dies eher günstig. Beispiel: eingeschneite sehr unregelmäßige Schneeoberflächen (z. B. viele Spuren, winderodierte Oberflächen, Büßerschnee).

Ist die Schneedecke im Bereich von mehr als 10 m ähnlich und ungünstig aufgebaut, kann es gefährlich werden. Beispiel: freie Hanglagen, Bereiche mit eingeschneitem Oberflächenreif, Mulden, offener Wald.

## Notwendige Bedingungen für eine Schneebrettlawine

Damit eine Schneebrettlawine entsteht, sind vier Bedingungen erforderlich.

**1. Neigung**: Schneebrettlawinen bilden sich nur, wenn der Hang steiler als 30 Grad ist. Meistens lösen sie sich im Gelände zwischen 35 und 45 Grad Neigung.

**2. Schichtung**: Eine Schwachschicht unter einer nicht zu dicken, gebundenen Schicht muss vorhanden sein. Ein Wintersportler kann einen Bruch nur dann initiieren, wenn die Schwachschicht höchstens einen Meter, idealerweise ca. 50 Zentimeter unterhalb des Auslösepunktes (z. B. Ski) liegt. Damit sich ein Initialbruch ausbreiten kann, muss die Schwachschicht flächig über mehrere Meter vorhanden sein. Große Variabilität auf engem Raum (im Meterbereich) verhindert eine Bruchfortpflanzung.

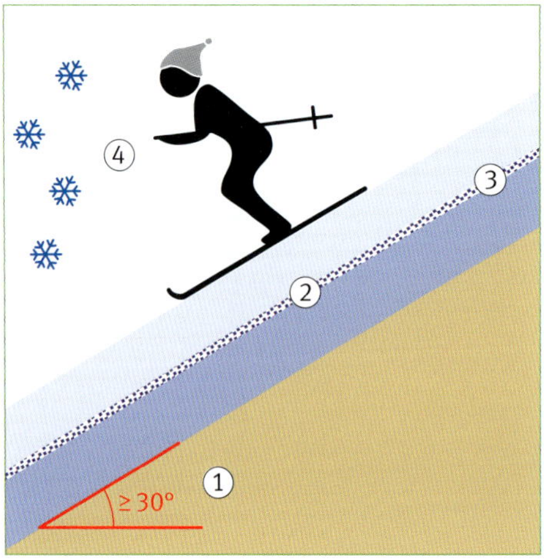


Für eine Schneebrettlawine sind vier Bedingungen wichtig: 1. Hangneigung, 2. Schichtung der Schneedecke, 3. genügend flächige Verbreitung, 4. Zusatzlast.

Über der Schwachschicht muss genügend gebundener Schnee liegen. Nur so können Kraftübertragung und Bruchausbreitung erfolgen. »Ungebundener« Schnee ist selten. Er kann bei kaltem Neuschnee, der ohne Wind fällt, vorkommen, oder wenn die ganze Schneedecke z. B. im Hochwinter aufbauend umgewandelt ist. Gebundener Schnee kann sowohl hart als auch weich sein. Falls wir nicht sicher sind, ob der Schnee gebunden ist, können wir dies folgendermaßen überprüfen:

a) Ein ausgestochener Schneeblock bleibt auf der Schaufel als Block bestehen, wenn wir leicht daran rütteln.

b) Beim Spuren mit Skiern bleibt ein Spursteg zwischen ihnen bestehen.

**3. Genügend flächige Verbreitung:** Die Schichtung, bestehend aus Schneebrett und Schwachschicht, muss genügend flächig vorhanden sein. Bei markanten Änderungen im Meterbereich können keine Schneebrettlawinen entstehen.

**4. Zusatzlast:** Ein auslösendes Element für die Bruchinitiierung ist nötig. Dies z. B. aufgrund einer Zusatzlast in Form von Neuschnee, Schneeverfrachtungen oder eines Wintersportlers. Auch eine sich rasch ändernde Verformung des über der kritischen Schicht liegenden Schnees (z. B. durch Erwärmung) kann zu Brüchen in der Schwachschicht führen. Anstelle einer Zusatzlast kann auch eine markante Schwächung einer Schicht zum Bruch führen, zum Beispiel

Vom Hangfuß fernausgelöste, große Schneebrettlawine

Trockene Lockerschneelawinen lösen sich oft nach Schneefällen.

Nasse Lockerschneelawinen lösen sich bei Erwärmung des oberflächennahen Schnees.

durch Wasser, das sich an markanten Schichtgrenzen staut und dort Bindungen in der Schneestruktur schwächt.

## Lockerschneelawinen

Lockerschneelawinen brechen immer punktförmig an. Der sich bewegende Schnee bringt fortlaufend weiteren Schnee in Bewegung. Die Lockerschneelawine wird dadurch immer größer und größer. Sie ist im Vergleich zur Schneebrettlawine langsam. Damit sie sich bildet, braucht es unverfestigten Schnee an der Oberfläche mit sehr schwachen Bindungen. Typischerweise treten Lockerschneelawinen nach Neuschneefällen oder bei oberflächlicher Anfeuchtung des Schnees auf.

› **Trockene Lockerschneelawinen** lösen sich häufig spontan während oder kurz nach Schneefällen meist im Gelände um 40 Grad oder steiler. Sie können durchaus auch bei ungebundenem Pulverschnee durch Wintersportler ausgelöst werden.

› **Nasse Lockerschneelawinen** lösen sich häufig bei starker Sonneneinstrahlung und Wärme (z. B. im Bereich von Felsen). Durch die Durchfeuchtung verlieren die oberen Schneeschichten an Festigkeit. Nasse Lockerschneelawinen können auch verhältnismäßig groß werden und die ganze Schneedecke mitreißen, wenn diese komplett durchfeuchtet ist. Sie können auch schon unter 40 Grad Neigung losbrechen.

## Gleitschneelawinen

Wenn sich Gleitschneerisse (vgl. Kap. Gleiten, S. 29) immer mehr öffnen, können daraus Gleitschneelawinen entstehen. Dabei rutscht die gesamte Schneedecke am Boden ab. Gleitschneelawinen lösen sich in der Regel spontan und können kaum gesprengt oder durch Personen ausgelöst werden. Sie sind zu jeder Tages- und Nachtzeit möglich. Im Gegensatz zur Schneebrettlawine entstehen Gleit-

schneelawinen nicht durch einen Bruch in einer Schwachschicht, sondern durch einen großflächigen Reibungsverlust auf glattem Untergrund (z. B. Gras oder Felsplatte), auf dem der Schnee abrutschen kann. Der Schnee muss dabei am Übergang zum Untergrund feucht sein.
Obwohl ihr Anriss linienförmig ist, sind Gleitschneelawinen nicht mit Schneebrettlawinen zu verwechseln. Denn

› Gleitschneelawinen sind keine Alarmzeichen für trockene Schneebrettlawinen;
› Gleitschneelawinen können kaum durch Wintersportler ausgelöst werden.

Abgänge von Gleitschneelawinen sind jederzeit möglich und schwierig vorhersehbar. Deshalb sollte man sich unter aktiven Gleitschneerissen (»Fischmäuler«) nicht unnötig lange aufhalten. Ein offenes »Fischmaul« heißt nicht, dass der Hang darunter sicher ist.
Weil bei Gleitschneelawinen immer die gesamte Schneedecke abrutscht, können bei mächtigen Schneedecken beachtliche Lawinen entstehen, die auch Verkehrswege gefährden können.

## Nassschneelawinen

Bei Nassschneelawinen muss mindestens ein Teil des Schneebrettes im Anrissgebiet feucht oder nass geworden sein – entweder durch Regen oder Schmelze. Der Stabilitätsverlust ist eine Folge des Wassers, das in die Schneedecke eingedrungen ist. Dabei kann es vorkommen, dass die Schwachschicht, die bricht, noch trocken ist. Die Auslösung erfolgt dann durch die veränderten Eigenschaften des Schneebrettes – ähnlich wie bei einer Erwärmung – sowie der Zusatzlast.
In den meisten Fällen kommt es zur Auslösung einer Nassschneelawine, wenn in einer bestimmten Schicht die Schneedecke durch den erhöhten Wassergehalt großflächig an Festigkeit verliert. Dies kann in den folgenden Fällen auftreten:

› **Eindringendes Wasser** staut sich an einer Schichtgrenze, z. B. oberhalb einer Schmelzharschkruste oder beim Übergang von feinkörnigem zu grobkörnigem Schnee, einer sog. kapillaren Barriere.
› Mit zunehmender **Durchnässung** wird die Schneedecke so geschwächt, dass es zu einem Kollaps von zumeist stark auf-

Gleitschneelawinen sind keine Schneebrettlawinen. Sie entstehen aufgrund von Gleitbewegungen der Schneedecke auf glattem Untergrund.

Typische große Nassschneelawine

Ungewöhnliche spontane Nassschneelawine Ende April zwei Tage nach einem Großschneefall. Schmelzwasser floss aus der Felswand in die trockene Schneedecke des NW-Hanges auf 2650 m (kleines Bild: gleiche Wand am Vortag).

gebauten Basisschichten kommen kann. Diese beiden Situationen können sowohl im Frühling durch Schmelze als auch bei Regen auftreten (Kap. Nassschneesituation, S. 82).

Als einfache **Faustregeln** gelten:

› Je mehr Wasser in die Schneedecke fließt und je schwächer der Schneedeckenaufbau ist, desto wahrscheinlicher sind Nassschneelawinen.

› Markante Schichtunterschiede (feinkörnig zu grobkörnig) führen eher zu Wasserstau und einer Schwächung der Schneedecke.

› Wenn kein Wasser mehr in die Schneedecke fließt, geht die Gefahr verzögert zurück.

› Eine Abkühlung unter 0 °C und damit Wiedergefrieren führt zu stabilen Bindungen (Krusten) zwischen den aufgeweichten Schneestrukturen.

Der Festigkeitsverlust ist am ausgeprägtesten, wenn eine Schicht das erste Mal genügend feucht wird. Die Festigkeit nimmt jedoch nur kurzfristig ab. Mit fortschreitender Durchfeuchtung kommt es zu einer Setzung und einer neuen Schneestruktur. Ein erneuter Wassereintrag wirkt sich mit der Zeit weniger gravierend aus. Die Schneedecke wird zunehmend homogener und Abflusswege etablieren sich. Das Wasser wird weniger gestaut und fließt schneller bis zum Boden.

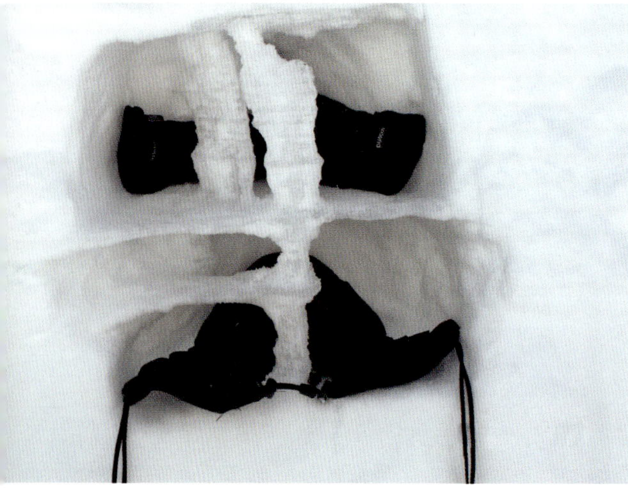

Gefrorene Abflusskanäle und Stauhorizonte von zuvor in die Schneedecke eingedrungenem Wasser

Nassschneelawinen gehen meist spontan ab und werden selten von Wintersportlern ausgelöst. Im Vergleich zu trockenen Lawinen werden nur 18 Prozent der Lawinenunfälle mit Verletzungs- oder Todesfolge von Nassschneelawinen verursacht.
Nebst dem Festigkeitsverlust der Schneedecke durch Wassereintritt reduziert das Wasser gleichzeitig die Gleitreibung an möglichen Gleitflächen (langes Gras, Felsplatten).
Meist lösen sich Nassschneelawinen an sehr steilen Hängen über 35 Grad. Nur wenn der Schnee völlig durchnässt ist, können sie auch an Hängen unter 30 Grad losbrechen. Je nasser der Schnee, desto flacher das Gelände, in dem Nassschneelawinen abgehen können.

## Sommerlawinen

Hochsommer und 30 Zentimeter Neuschnee – das ist eine Situation, die immer wieder vorkommt. Mit dem Neuschnee steigt, wenn auch meist nur kurzfristig, die Lawinengefahr an. Im Winter sind Lawinen die wichtigste Gefahr in den Bergen. Im Sommer aber, wenn Absturz, Stein- und Eisschlag oder ein Wettersturz im Vordergrund stehen, gefährden Lawinen den Bergsteiger seltener. Tage mit erhöhter Lawinengefahr beschränken sich im Sommer auf Perioden während und unmittelbar nach Schneefällen. Dennoch kommt es immer wieder zu Lawinenunfällen. In den letzten 40 Jahren verloren in den Schweizer Alpen 45 Personen im Juli, August und September ihr Leben in Lawinen. Dabei ist die Gefahr mitgerissen zu werden und abzustürzen beim Bergsteigen geländebedingt größer als die Gefahr einer Verschüttung. Schon kleine Lawinen können deshalb fatale Folgen haben.

Neuschnee im Sommer ist nicht außergewöhnlich. Auf dem Weissfluhjoch oberhalb von Davos (2540 m) fallen von Juli bis September im Schnitt zwei Mal über zehn Zentimeter Schnee in 24 Stunden. 1000 Meter höher, im Hochgebirge, schneit es entsprechend häufiger, auch die Neuschneemengen können bedeutend sein. Sinkt die Schneefallgrenze auf 2000 Meter, so herrschen auf 3500 Metern winterliche –10 °C.

Nach dem Schneefall stehen zwei Hauptgefahren im Vordergrund:

› Der Neuschnee oder frische Triebschnee kann als trockenes Schneebrett abgleiten. Eine zusammenhängende Altschneeoberfläche oder Blankeis begünstigen dies.
› Mit der starken Sonnenstrahlung und den markant steigenden Temperaturen können sich spontane Nassschneelawinen bilden. Dies auch an sehr steilen Grasflanken und Felsplatten.

Ein trockenes Schneebrett an der Dufourspitze am 11. August 2007: Sechs angeseilte Alpinisten lösten es im Aufstieg aus. Dank des optimalen Auslaufs wurden sie nur teilverschüttet und konnten sich selbst befreien. In exponiertem Gelände wäre es zur Katastrophe gekommen.

Nach einem relativ warmen Schönwettertag und einer klaren Nacht entspannt sich die Lawinensituation meist rasch wieder. Bleibt es allerdings kalt, ist der Rückgang entsprechend langsamer.

Kritische Schwachschichten, die in der Schneedecke eingelagert sind und als Gleitflächen für Schneebrettlawinen lauern (Altschneeproblem), sind im Sommer seltener. Im Sommer erscheint der Lawinenlagebericht nicht regelmäßig. Die Lawinensituation muss in der Planungsphase abgeschätzt werden. Dazu sind folgende Punkte wichtig:

- kritische Neuschneemenge
- Triebschneebildung durch Wind (v. a. in Kombination mit Neuschnee)
- Durchfeuchtung des Neuschnees und Gefahr von Nassschneelawinen (auch spontan)

Die Beurteilung der Lawinengefahr ist im Sommer nicht wesentlich anders als im Winter. Die typischen Muster beschränken sich jedoch vorwiegend auf Neu- und Nassschnee, was die Beurteilung vereinfacht. Gefährdete und kritisch zu beurteilende Stellen sind vor allem steile Firn- oder Eisflanken.

**KURZ UND KNAPP**

Die größte Gefahr von Lawinen im Sommer besteht nach Neuschnee oder bei frischem Triebschnee, sowie wenn sich nach starker Sonneneinstrahlung und Erwärmung spontane Nassschneelawinen bilden können.

# T Äußere Einflüsse auf die Schneedecke

Wie in Kapitel Schnee und Lawinen, S. 21 beschrieben, ist die Schichtung der Schneedecke entscheidend für die Lawinenbildung. Direkte Untersuchungen des Schneedeckenaufbaus sind jedoch relativ aufwendig und können nur punktuell durchgeführt werden.

Die Beurteilung der Lawinengefahr erfolgt daher größtenteils indirekt anhand äußerer Faktoren, welche die Bildung der Schneedecke beeinflussen. Zu diesen Faktoren gehören z.B. das Wetter und das Gelände. Informationen über Wetter und Gelände sind relativ leicht und in guter räumlicher Auflösung erhältlich.

Bei der Beurteilung der Lawinengefahr müssen diese Informationen im Hinblick auf die lawinenbildenden Prozesse betrachtet werden. Die folgenden Beispiele sollen ein solches Prozessdenken illustrieren:

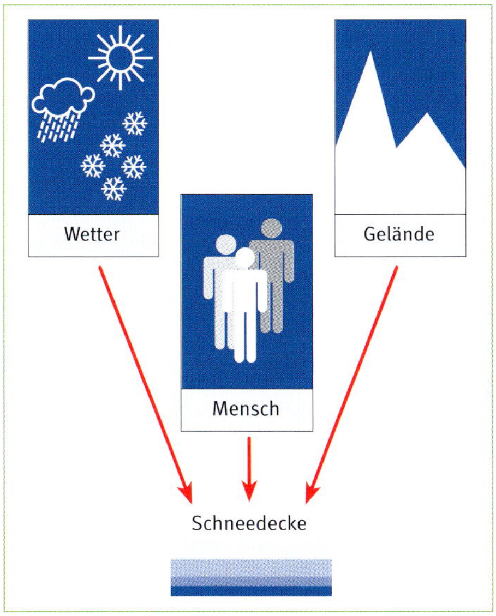


Wetter, Gelände und Mensch beeinflussen den Aufbau der Schneedecke und die Bildung von Lawinen.

› Ist die tageszeitliche Erwärmung so stark, dass sich die Schneedecke dadurch oberflächlich aufweicht?

› An welchen Stellen im Gelände ist die Wahrscheinlichkeit am kleinsten, dass ein Schneebrett ausgelöst werden kann?

Nebst dem Wetter und dem Gelände beeinflusst auch der Mensch die Schneedecke, indem er durch das Betreten oder Befahren eine mechanische Einwirkung ausübt.

## Wetter

Die verschiedenen Wetterparameter (z.B. Neuschnee, Wind und Lufttemperatur) müssen immer kombiniert betrachtet werden, da sie je nach Kombination einen unterschiedlichen Einfluss auf die Schneedecke haben. Um diese Zusammenhänge zu veranschaulichen, werden wir den Einfluss der einzelnen Wetterparameter jeweils anhand zweier konkreter Schneedeckentypen (A und B siehe folgende Abbildung) aufzeigen:

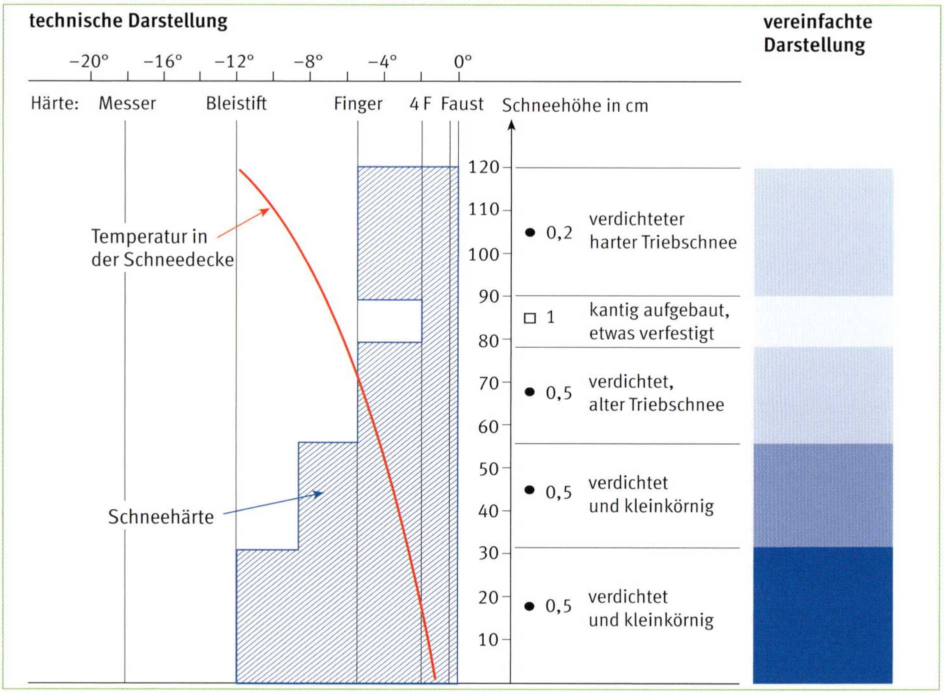


A: Relativ gut gesetzte und verfestigte Schneedecke mit harter Oberfläche und ohne ausgeprägte Schwachschichten

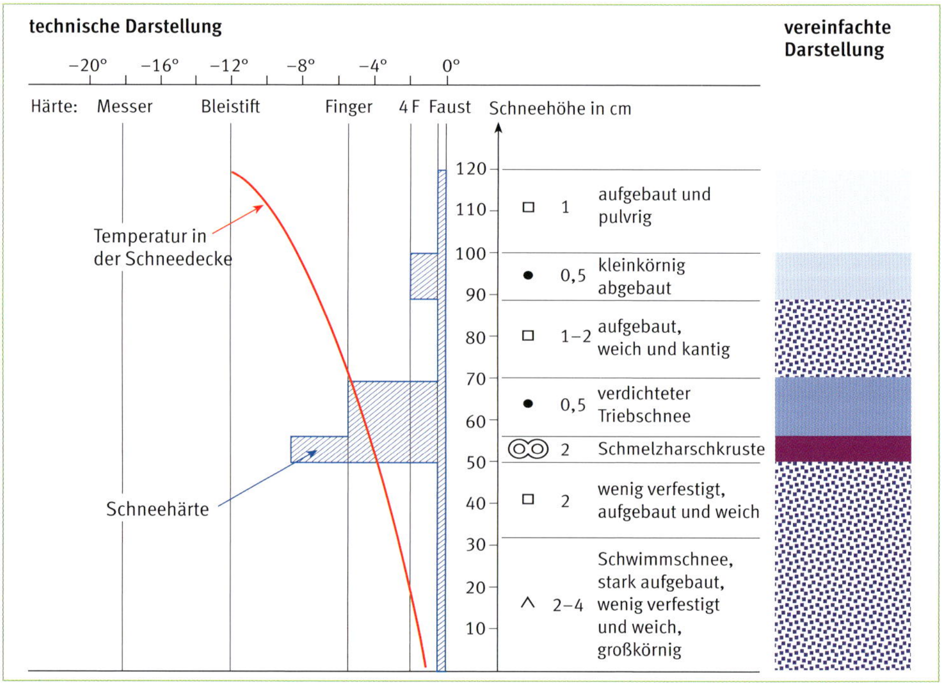


B: Ungünstig aufgebaute Schneedecke mit schwacher Basis und ausgeprägten Schwachschichten

## Neuschnee

Wenn Neuschnee fällt, verändert sich die Schneedecke in folgender Hinsicht:

› **Neuschnee = neue Schicht:** Aus den einzelnen Schneekristallen entsteht eine Neuschneeschicht, die anfänglich schlecht mit dem Altschnee verbunden ist. Wenn der Neuschnee bei wenig Wind fällt, besteht er aus mehr oder weniger kompletten, verästelten Eiskristallen, die sich schnell verändern. Bei starkem Wind während des Schneefalls werden die Eiskristalle mechanisch verkleinert. Je mehr Wind den Schneefall begleitet, desto dichter gepackt und damit brettartiger wird die Neuschneeschicht. Wenn der Neuschnee bei relativ warmen Temperaturen (zwischen −5 °C und 0 °C) fällt, werden die einzelnen Eiskristalle schnell abgerundet und verbinden sich zu einer festeren Struktur. Analog zu den einzelnen Eiskristallen verbindet sich auch die gesamte Neuschneeschicht innerhalb kurzer Zeit mit der Altschneeoberfläche. Wenn der Neuschnee ohne Wind und bei kalten Temperaturen fällt und danach tiefen Temperaturen ausgesetzt wird, bleibt er unter Umständen über längere Zeit locker.

› **Neuschnee = Zusatzlast** auf untere Schichten. Das Gewicht des Neuschnees kann Schwachschichten weiter unten in der Schneedecke belasten und dort zu Brüchen führen. Entweder betrifft dies die Schicht unmittelbar unter dem Neuschnee oder aber tiefer gelegene Schwachschichten in der Schneedecke.

Generell ist mit zunehmender Neuschneemenge ein größerer Anstieg der Lawinengefahr zu erwarten. Neben der Höhe des Neuschnees ist auch das Gewicht respektive die Dichte des Neuschnees wichtig.

**KURZ UND KNAPP**

Neuschnee führt immer zu einem Anstieg der Lawinengefahr. Einerseits bildet er Schneeschichten, die als Schneebrettlawinen abgleiten können. Andererseits ist Neuschnee eine Zusatzlast auf Schwachschichten weiter unten in der Schneedecke.

40 Zentimeter lockerer Neuschnee können z.B. weniger heikel sein als 20 Zentimeter dichter Neuschnee.

40 Zentimeter Neuschnee in zwölf Stunden sind heikler als in drei Tagen. Der Grund liegt darin, dass bei kurzer Niederschlagsdauer relativ schnell ein genügend mächtiges Schneebrett entsteht und die Verbindung zum Altschnee anfänglich schwach ist. Fällt der Schnee über drei Tage hinweg, ist, wenn die 40 Zentimeter erreicht sind, die Verbindung zum Altschnee bereits besser.

Wind, Temperatur sowie die Altschneeoberfläche sind entscheidend für den Einfluss des Neuschnees auf die Lawinengefahr. Um zu beurteilen, wie sich der Neuschnee auf die Lawinengefahr auswirkt, hilft uns das **Neuschneemuster** (Kap. Typ. Lawinensituationen – die vier Muster, Seite 69) und die **kritische Neuschneemenge** (Kap. Kritische Neuschneemenge, S. 111).

**Beispiel zu Schneedecken A und B:**

Auf die beiden Schneedecken A und B fällt 30 Zentimeter leicht gebundener Neuschnee. Die Temperatur liegt bei rund −10 °C.

In der Schneedecke A ist kurzfristig ein Bruch beim Übergang vom Neuschnee zum Altschnee am wahrscheinlichsten. Falls dies nicht während oder kurz nach

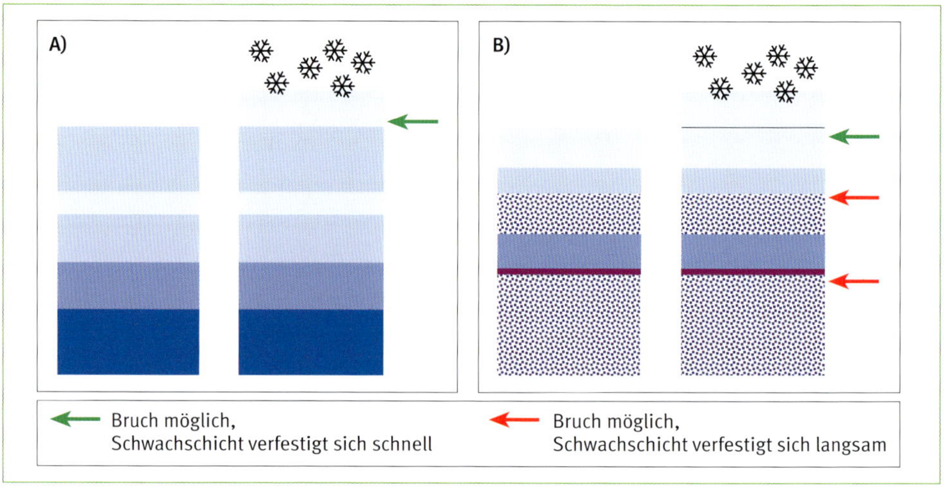


Einfluss des Neuschnees auf die beiden unterschiedlichen Schneedecken A und B

dem Schneefall eintritt, nimmt die Lawinengefahr ab. Der Neuschnee setzt sich innerhalb weniger Tage und verfestigt sich. Auch die Verbindung zur darunterliegenden Schicht verbessert sich.

In der Schneedecke B ist kurzfristig ein Bruch in der obersten Altschneeschicht wahrscheinlich. Durch die Zusatzlast des Neuschnees können in der ungünstig aufgebauten Schneedecke auch in tiefer liegenden Schwachschichten Brüche entstehen. Die Gefahr einer Lawinenauslösung bleibt deshalb über längere Zeit bestehen.

**EXPERTENTIPP**

- Je mehr Neuschnee, desto ungünstiger (Menge)
- Je dichter der Neuschnee, desto ungünstiger (Wind, Temperatur)
- Je kälter der Neuschnee und je größer der Temperaturunterschied zwischen Neuschnee und Altschnee, desto ungünstiger (Temperatur)
- Je weicher und grobkörniger die Altschneeoberfläche, desto ungünstiger (Altschneeoberfläche)
- Je intensiver der Schneefall (je mehr Neuschnee pro Zeiteinheit), desto ungünstiger

## Regen

Regen führt zu einer schnellen Wasserzufuhr in die Schneedecke. Dadurch ändern sich die Eigenschaften der betroffenen Schneeschichten: Der Schnee erwärmt sich schnell und die Festigkeit nimmt ab. Zusätzlich bedeutet der Regen durch das Gewicht des Wassers auch eine Zusatzlast auf die Schneedecke und allfällig vorhandene Schwachschichten.

Die durch den Regen verursachten Veränderungen in der Schneedecke hängen von der Schneetemperatur und dem Aufbau der Schneedecke ab.

Bei noch trockener Schneedecke fließt das relativ warme Regenwasser kanalisiert in tiefere Schichten. Je nach Wassermenge, Schneetemperatur und Durchlässigkeit des Schnees passiert dies innerhalb weniger Stunden. An markanten Schichtgrenzen wird das Wasser gestaut. Vor allem Übergänge von feinkörnigem zu grobkörnigem Schnee und Schmelzharschkrusten eignen sich als Barriere für diesen Wasserstau. Die Ansammlung des Wassers führt dort zu einer Schwächung der Schneedecke. Durch diesen Festigkeitsverlust können sich Nassschneelawinen bilden (siehe Kap. Nassschneelawinen, S. 40).

Regnet es im Frühjahr auf eine bereits durchfeuchtete Schneedecke, ist der Einfluss des Regens weniger ausgeprägt. Das Regenwasser fließt meist ungehindert zum Boden ab.

In Kap. Typ. Lawinensituationen – die vier Muster, Seite 69 wird gezeigt, wie man mithilfe des **Nassschnee-Musters** beurteilen kann, welchen Einfluss der Regen auf die Lawinengefahr hat.

**EXPERTENTIPP**

Regen führt kurzfristig zu einem schnellen Anstieg der Lawinengefahr. Gründe:
- Wasser kann sich an markanten Schichtgrenzen stauen und die Schneedecke dort schwächen.
- Das Gewicht des Regenwassers bewirkt eine Zusatzlast auf die Schneedecke.

Je intensiver der Regen, desto ungünstiger der kurzfristige Einfluss auf die Schneedecke.

Typische Schneeoberfläche mit Abflussrillen nach einer Regenperiode

**Beispiel zu Schneedecken A und B:**

Innerhalb von zwölf Stunden fallen 30 Millimeter Wasser auf die beiden Schneedecken.

In der Schneedecke A kann sich das Wasser in der obersten Schicht gut verteilen und staut sich an der Grenze zur zweiten Schicht. Diese grobkörnige, aber verfestigte Schicht wird dadurch geschwächt und kann allenfalls brechen. Der Lawinenanriss erreicht in diesem Fall eine Höhe von maximal 30 Zentimetern.

In der Schneedecke B staut sich das Was-

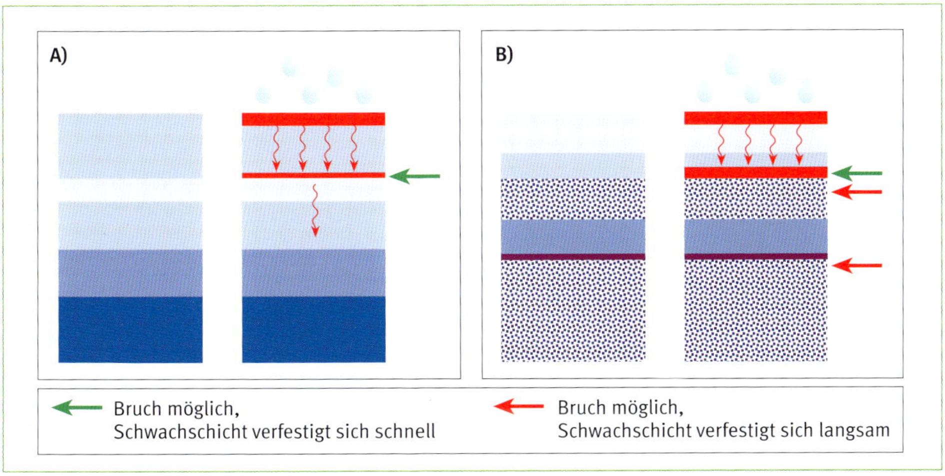


Einfluss des Regens auf die beiden unterschiedlichen Schneedecken A und B

ser am ehesten an der Grenze zwischen der zweiten und dritten Schicht. Da die dritte Schicht schon im trockenen Zustand eine schwache Struktur aufweist, wird sie durch die Wasserzufuhr sehr instabil. Der Schnee in der ersten und zweiten Schicht wird durch die Anfeuchtung ebenfalls auslösefreudiger. Zudem besteht die Gefahr, dass es durch die Zusatzlast des Regenwassers zu Brüchen in der untersten Schwimmschneeschicht kommt.

## Wind

Der Wind ist der Baumeister von Schneebrettlawinen. Er bildet den sog. **Triebschnee,** indem er Schnee transportiert bzw. verfrachtet. Frische Triebschneeansammlungen sind gefährlich. Rund zwei Drittel aller Lawinenunfälle mit Wintersportlern geschehen nach Perioden, in denen Triebschnee gebildet wurde. Triebschnee entsteht einerseits, wenn es während eines Schneefalls windet und andererseits, wenn der Wind Schnee von einer lockeren Schneeoberfläche verfrachtet. Bei der Triebschneebildung werden die einzelnen Schneekristalle mechanisch zu kleinen Teilchen zertrümmert und brettartig, dicht gepackt abgelagert. Dabei entsteht eine Triebschneeschicht, die leicht als Schneebrett wirken kann, falls darunter schwache Schichten vorhanden sind. Die Verbindung vom frischen Triebschnee zum Altschnee ist wie bei Neuschnee anfangs oft schwach. Sie kann sich aber je nach Eigenschaften der Altschneeoberfläche und Temperatur des Triebschnees innerhalb von Stunden verbessern. Triebschnee auf

Der Wind kann auch bei schönstem Wetter eine Lawinensituation innerhalb von Stunden verschärfen.

## ERFORDERLICHE WINDSTÄRKEN FÜR TRIEBSCHNEEBILDUNG

| Windstärke | Anzeichen (Faustregeln) | Schneeverfrachtung |
|---|---|---|
| < 15 km/h | Taschentuch bewegt sich. | keine Verfrachtungen |
| ab 15 km/h | Taschentuch ist im Wind gestreckt. | erste Verfrachtung von kaltem Neuschnee mit geringer Dichte (während Schneefalls) |
| ab 40 km/h | Wind an festen Gegenständen hörbar, Rauschen im Wald, Schneefahnen an Gipfeln. | umfangreiche Verfrachtung von Neuschnee, Beginn der Verfrachtung von alter lockerer Schneeoberfläche (z.B. aufgebauter Schnee) |
| ab 60 km/h | Das Gehen wird stark beeinträchtigt. | umfangreiche Verfrachtungen, Kammlagen oft blank gefegt |
| ab 100 km/h | Gleichgewicht halten wird schwierig, an Gebäuden und am Wald entstehen Schäden. | umfangreiche Verfrachtungen, Kammlagen oft blank gefegt |
| Verdoppelt sich die Windgeschwindigkeit, so wird rund acht Mal mehr Schnee umgelagert. | | |

einer grobkörnigen, kantig aufgebauten Altschneeoberfläche bleibt über längere Zeit auslösefreudig. Zur Beurteilung des Windeinflusses auf die Lawinengefahr hilft uns das **Triebschnee-Muster** (Kap. Typische Lawinensituationen – die vier Muster, Seite 69).

Der Einfluss des Windes ist abhängig vom Gelände und von den Eigenschaften des oberflächennahen Schnees. Dabei ist Folgendes wichtig:

› Der Wind in Bodennähe wird von der lokalen Topografie bestimmt. Dies bedeutet, dass die Windrichtung in Bodennähe kleinräumig stark variiert und sich oft von der Richtung des Höhenwindes unterscheidet. In Pass- und Kammlagen ist der Wind allgemein kräftiger als unterhalb der Waldgrenze.

› Dort, wo der Wind kräftig weht, muss genügend verfrachtbarer Schnee vorhanden sein, damit Triebschneeansammlungen entstehen können (z.B. fallender Schnee oder eine lockere Schneeoberfläche).

› Offene Hänge bieten große Angriffsflächen für den Wind.

› Triebschnee lagert sich einerseits an den vom Wind abgewandten Seiten (Lee) ab (z.B. in Mulden, hinter Geländekanten, etc.). Andererseits kann auf der dem Wind zugewandten Seite (Luv) Triebschnee an-

Triebschneebildung in Kammnähe: Der Wind verfrachtet Schnee von der Luv-Seite (rechts) zur Lee-Seite (links).

gepresst werden (z.B. bei Felswandfüßen oder in Mulden).

› Triebschnee ist abhängig vom Gelände und oft sehr unregelmäßig verteilt. Der Schneedeckenaufbau kann sich deshalb innerhalb weniger Meter ändern. Die unterschiedlichen Mächtigkeiten der Triebschneeansammlungen sind schwierig zu erkennen.

› Triebschnee kann auch an gleichmäßigen Hängen bei hangparallelen Winden entstehen. Dies ist oft an dünenartig gewellten Oberflächen zu erkennen.

Wind beeinflusst die Schneedecke nicht nur durch das Anhäufen von Triebschnee, sondern auch durch das Abtragen von Schnee **(= Erosion)**. Nachdem der lockere Schnee weggetragen wurde, bleibt eine raue, harte und kleinräumig sehr unregelmäßige Schneeoberfläche zurück. Solche Oberflächen bieten meist wenig Abfahrtsgenuss. Im Hinblick auf die Lawinengefahr sind sie jedoch vorteilhaft, da sie dank ihrer kleinräumigen Variabilität für den nächsten Schneefall eine günstige Unterlage darstellen.

**KURZ UND KNAPP**

› Wind kann lockeren Schnee innerhalb weniger Stunden zu gefährlichem Triebschnee umwandeln.
› Wind führt zu harten unregelmäßig erodierten Schneeoberflächen.
› Wind kann kalte oder warme Luft heranführen und dabei die Temperatur an der Schneeoberfläche verändern.

Weit verbreiteter Triebschnee in Form von Dünen

Vom Wind beeinflusste Schneeoberfläche: Es entstehen erodierte unregelmäßige Schneeoberflächen und Triebschneeansammlungen.

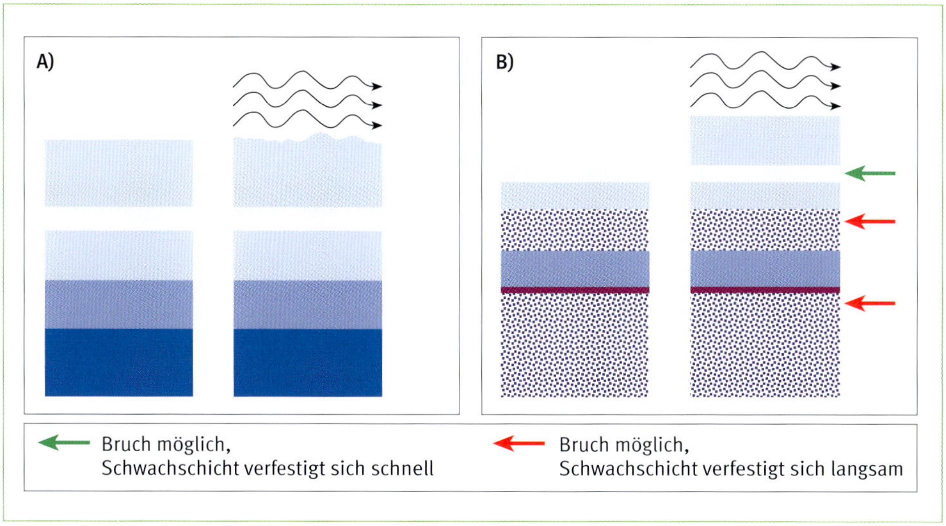


Einfluss des Windes auf die beiden unterschiedlichen Schneedecken A und B

Nebst seiner Rolle bei der Schneeverfrachtung kann der Wind auch warme oder kalte Luft zuführen und dadurch den Temperaturhaushalt an der Schneeoberfläche beeinflussen. Warmer Wind (z.B. Föhn) kann auch an Schattenhängen den oberflächennahen Schnee erwärmen.

**Beispiel zu Schneedecken A und B:** Einfluss eines Föhnsturms (60 km/h im Mittel) während zwölf Stunden auf die beiden Schneedecken:

Auf die Schneedecke A hat der Wind wenig Einfluss. Die Schneeoberfläche wird tendenziell rauer und dadurch zu einer günstigeren Unterlage für den kommenden Schneefall. An der aktuellen Lawinensituation ändert sich nichts.
Bei der Schneedecke B verändert der Wind die oberste Schicht. Es entsteht eine Triebschneeschicht, die abgleiten oder mit den darunterliegenden Schichten ein mächtigeres Schneebrett bilden kann.

## Lufttemperatur

Die Lufttemperatur spielt für unser tägliches Leben eine wichtige Rolle und wird sowohl im Wetterbericht als auch im Lawinenlagebericht immer erwähnt. Eine hohe Lufttemperatur erwärmt die Schneedecke jedoch nicht zwingend. Entscheidend für die Veränderung der Temperatur in der Schneedecke ist die **Energiebilanz**. Sie hängt v.a. ab von den Ein- und Ausstrahlungsbedingungen sowie vom Wind.

Bei einer positiven Energiebilanz erwärmt sich die Oberfläche der Schneedecke, andernfalls kühlt sie sich ab. Da Schnee gut isoliert, dringt eine Temperaturänderung in den obersten Schichten nur langsam in die Schneedecke ein. Eine Temperaturänderung an der Schneeoberfläche von –15 °C auf –1 °C z.B. beeinflusst innerhalb von 24 Stunden höchstens die obersten 30 Zentimeter der Schneedecke. In 30 Zentimetern Tiefe ändert sich die Temperatur nur um rund 1 °C (siehe Abbildung). Eine tiefer

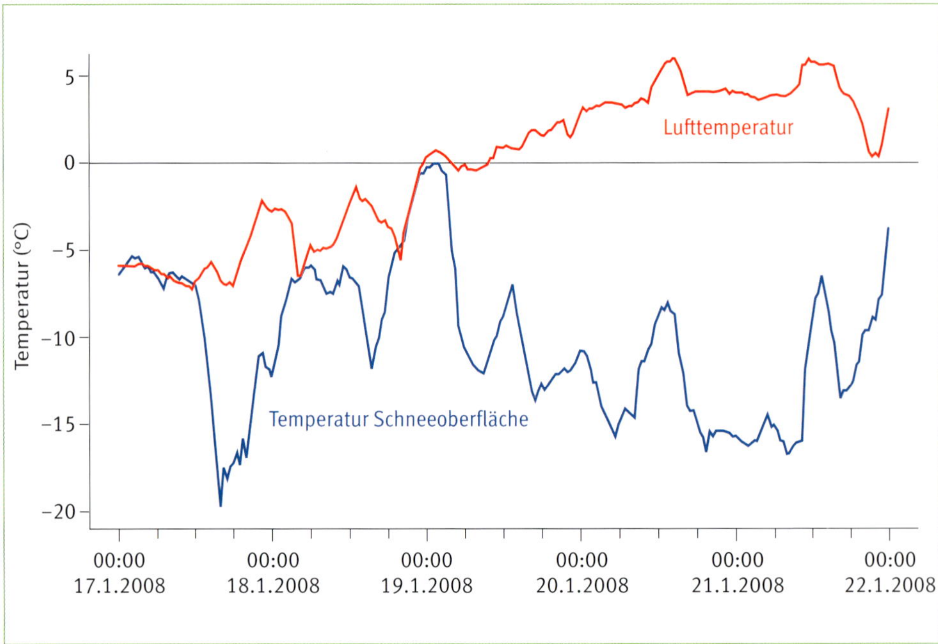


Bei starker Ausstrahlung (d.h. klarer Himmel und wenig direkte Sonneneinstrahlung) ist die Temperatur der Schneeoberfläche (blaue Kurve) oft deutlich tiefer als die Lufttemperatur (rot).

liegende Schwachschicht wird deshalb in diesem Zeitraum nicht beeinflusst und ihre Festigkeit ändert sich nicht. Da sich jedoch die Eigenschaften des darüberliegenden Schneebrettes verändern, kann sich die Lawinengefahr trotzdem erhöhen.

Oft wird die Erwärmung der Schneedecke für Lawinenauslösungen verantwortlich gemacht. Sie spielt jedoch meistens eine untergeordnete Rolle, solange der Schnee nicht schmilzt. Sie kann aber bei einem instabilen Schneedeckenaufbau das Zünglein an der Waage sein.

Stark schwankende Temperaturen in den obersten rund 20 Zentimetern der Schneedecke führen dort zu großen Temperaturgradienten und demzufolge mit der Zeit zu aufgebautem Schnee in den oberflächennahen Schichten (Kap. Aufbauende Umwandlung, S. 25).

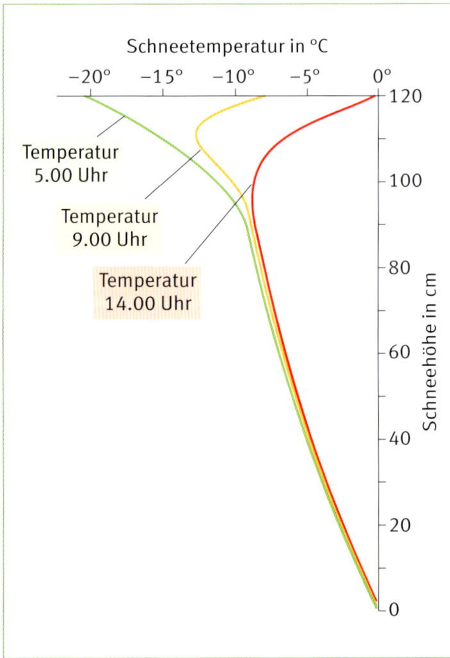


Temperaturprofil in der Schneedecke mit den tageszeitlichen Schwankungen in den oberflächennahen Schichten (Flachfeld auf 2500 m Ende Februar)

Im Folgenden sind die Wirkungen einiger Temperaturveränderungen in der Schneedecke beschrieben, welche oft mit der Lufttemperatur in Verbindung stehen.

**1. Markante Erwärmung bis in den Bereich von 0 °C:** Regen oder starke Sonneneinstrahlung verbunden mit hoher Lufttemperatur führen zu einer markanten Erwärmung der oberflächennahen Schichten. Der Schnee wird dadurch besser verformbar. Durch diese zunehmende Verformung ergeben sich höhere Belastungen auf allfällig vorhandene Schwachschichten. Eine zusätzliche Belastung wie z.B. ein Skifahrer wirkt bei warmem Schnee mehr in die Tiefe als bei kaltem Schnee. Ein Bruch in einer Schwachschicht wird dadurch wahrscheinlicher. Auch die Bruchausbreitung wird durch die erhöhte Verformbarkeit der oberflächennahen Schichten tendenziell begünstigt. Alle diese Veränderungen der Schneedecke sind besonders bei Neuschnee oder bei wenig gesetztem, weichem Schnee ausgeprägt.

**2. Andauernde Wärme:** Wenn über längere Zeit hinweg warmes Wetter herrscht (Lufttemperatur über 0 °C, warmer Wind, starke Sonneneinstrahlung), erwärmt sich die Schneeoberfläche auf 0 °C und beginnt zu schmelzen. Schmilzt nur wenig Schnee, nimmt die Festigkeit nicht ab, da durch das Wasser die Körner noch besser zusammengehalten werden (Kapillarität). Mit zunehmender Wassermenge beginnt das Wasser zu fließen und zerstört Kornverbindungen. Die Festigkeit nimmt ab.

**3. Andauernde Kälte:** Bleibt der Schnee kälter als −5 °C bis −10 °C, ist er steif und wenig verformbar. Setzungsprozesse finden nur sehr langsam statt und dementsprechend sind auch die Kriechbewegungen am Hang relativ gering. Die Verbindungen zwischen verschiedenen Schneeschichten werden ebenfalls nur langsam besser. Die Lawinengefahr ändert sich deshalb nur unwesentlich.

Ist die Schneeoberfläche dauernd sehr kalt (z.B. −20 °C), wird die aufbauende Umwandlung durch den großen Temperaturgradienten stark begünstigt und die Schneedecke je nach Mächtigkeit unterschiedlich stark aufgebaut.

**4. Markante Abkühlung:** Wenn Schnee, dessen Temperatur anfänglich nahe bei 0 °C liegt, abgekühlt wird, verfestigt er sich. Die Bindungen zwischen den einzel-

**KURZ UND KNAPP**

»Warmer« Schnee hat eine Temperatur zwischen −5 °C und 0 °C. In diesem Temperaturbereich ändern sich seine Eigenschaften markant.

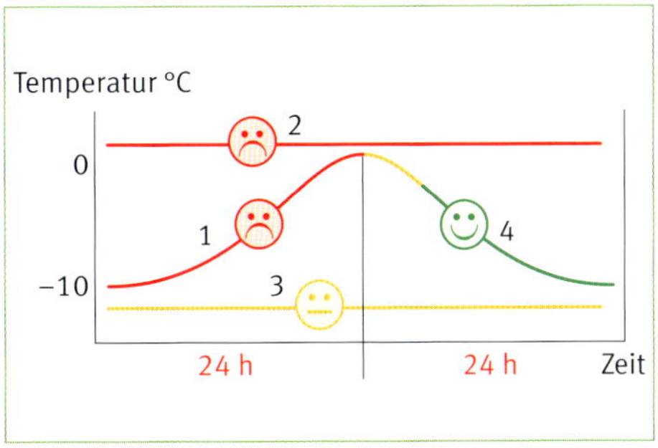


Einflüsse der Temperatur im oberflächennahen Schnee auf die Lawinengefahr

**KURZ UND KNAPP**

- Eine markante Erwärmung der Schneetemperatur in den Bereich von 0 °C kann v. a. nach Neuschnee zu einem Anstieg der Lawinengefahr führen.
- Wenn der Schnee bis zum Schmelzpunkt erwärmt und danach wieder abgekühlt wird, ist dies günstig.
- Anhaltende Kälte konserviert die bestehende Lawinengefahr.

**EXPERTENTIPP**

Der Einfluss der Lufttemperatur auf die Schneedecke ist unterschiedlich und in der Regel gering, außer bei Wind. Temperaturänderungen in der Schneedecke sind meist die Folge von unterschiedlichen Strahlungsbedingungen (kurz- und langwellig).
Für die Beurteilung der Lawinengefahr ist die **Schneetemperatur** resp. deren Veränderung maßgebend. Ihr Einfluss auf die Lawinengefahr ist jedoch häufig von anderen Faktoren überlagert, z.B. Triebschnee oder schwachem Schneedeckenaufbau. Bewegt sich die Schneetemperatur gegen 0 °C, wird ihr Einfluss bedeutsamer.

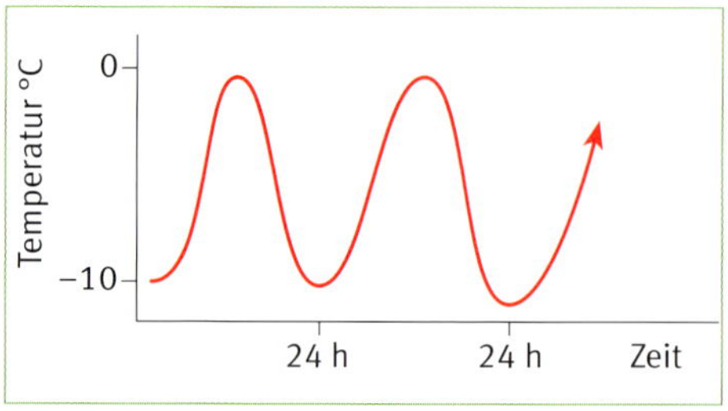


Große tageszeitliche Temperaturschwankungen der Schneetemperatur reduzieren die Lawinengefahr langfristig.

**KURZ UND KNAPP**

Die Erwärmung der Schneedecke hängt vor allem von den Ein- und Ausstrahlungsbedingungen sowie vom Wind ab und weniger von der Lufttemperatur.

nen Schneekörnern werden verstärkt. Sinkt die Lufttemperatur z.B. von 0 C° auf −10 C °, so wirkt dies meist stabilisierend, außer wenn die Abkühlung mit Schneefall verbunden ist.

5. **Schwankende Temperaturen:** Wiederholte Erwärmung bis auf 0 °C und anschließende Abkühlung des Schnees führt zu einer Stabilisierung der Schneedecke. Temperaturschwankungen treten typischerweise im tageszeitlichen Verlauf auf und sind besonders ausgeprägt im Frühling oder an stark besonnten Hängen bei klaren Nächten.

## Strahlung

Kurzwellige Sonnenstrahlung wird zu einem großen Teil von der weißen Schneedecke reflektiert. Ein kleiner Teil dringt in die oberflächennahen Schichten ein und wird dort absorbiert, d.h. in Wärme umgewandelt. Gleichzeitig strahlt die Schneedecke langwellige Wärme ab. Wolken, Nebel, die Jahres- und Tageszeit sowie das Gelände beeinflussen die kurz- und langwellige Ein- und Ausstrahlung. Ist der Energieeintrag durch die Einstrahlung größer als der Energieverlust durch die Ausstrahlung, so erwärmt sich der Schnee, andernfalls kühlt er ab. Dies jedoch nur, wenn keine anderen Wärmeflüsse die Energiebilanz markant verändern (z.B. durch Wind).

› **Einfluss des Einstrahlungswinkels:** Je steiler der Einfallswinkel ist, desto größer ist die Erwärmung. Weil die Sonneneinstrahlung im Winter an Südhängen steiler ist als im ebenen Gelände, findet dort eine größere Erwärmung statt. Nordhänge erhalten wenig oder gar keine Sonneneinstrahlung. Bei klarem Himmel ist die Abstrahlung ungehindert. Die Bilanz ist im Nordhang negativ, d.h. der Schnee kühlt sich ab und ist dadurch deutlich kälter als die Luft.

› **Einfluss von Wolken und Nebel:** Bei klarem Himmel kann die Sonne ungehindert einstrahlen und die Schneedecke ebenso ungehindert Wärme abstrahlen. Bei Wolken und bei Nebel ist die Sonnenein-

Frühlingsverhältnisse nach mehrmaligem oberflächlichem Aufschmelzen und Wiedergefrieren durch intensive Sonneneinstrahlung

strahlung diffus und wird abgeschwächt. Die Abkühlung der Schneedecke durch die Abstrahlung wird ebenfalls abgeschwächt. Nebel und Wolken strahlen außerdem Wärme ab, die durch den Schnee aufgenommen wird. Durch diese Art Treibhauseffekt wird die Schneeoberfläche wärmer.

In der Nacht ist keine Sonneneinstrahlung vorhanden. Die Schneeoberfläche kann bei klarem Himmel ungehindert abkühlen. Eine feuchte, aufgeweichte Schneeoberfläche kann im Frühling dadurch zu einem Schmelzharschdeckel gefrieren. Bei bedecktem Himmel bleibt die Temperatur der Schneeoberfläche gleich der Lufttemperatur. Eine feuchte Schneeoberfläche bleibt feucht, sofern die Lufttemperatur nicht unter 0 °C sinkt.

**KURZ UND KNAPP**

- Je steiler der Einfallswinkel der Sonne ist, desto größer ist die Erwärmung der Schneedecke.
- Wolken oder Nebel vermindern die Ausstrahlung. Dadurch kühlt die Schneeoberfläche weniger ab.
- Bei klarem Himmel und wenig Sonneneinstrahlung ist die Ausstrahlung groß und die Schneeoberfläche kühlt ab.

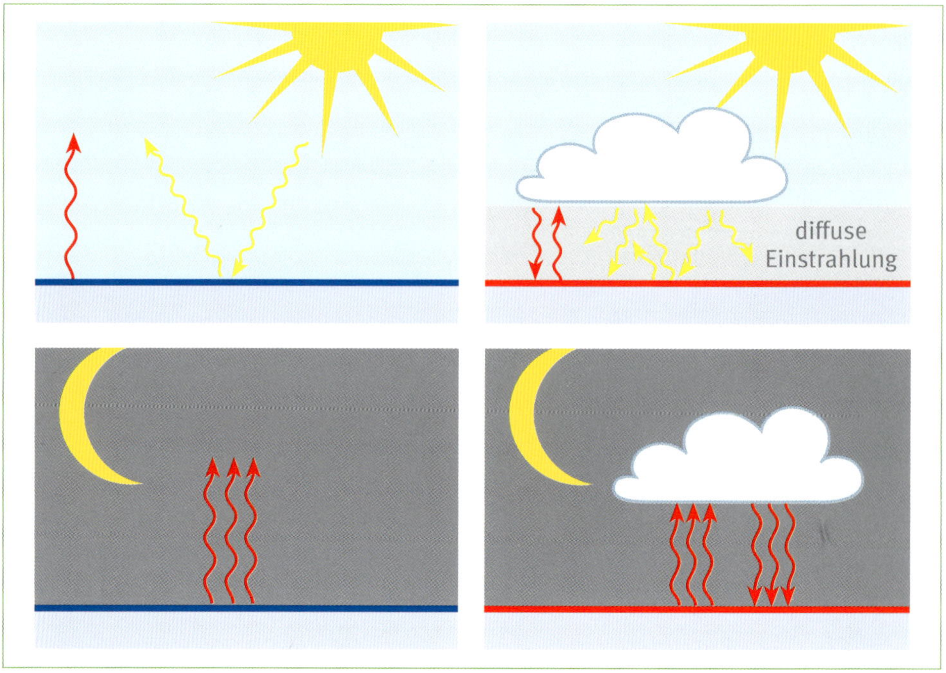


Einfluss von Wolken und Nebel bei Tag und Nacht auf die Strahlung

Durch intensive Sonneneinstrahlung können folgende Schneeoberflächen entstehen:

› **Schmelzharschkruste:** oberflächliches Aufschmelzen und Wiedergefrieren des Schnees

› **Büßerschnee:** Während langer Perioden mit trockenem Strahlungswetter entstehen v.a. durch Sublimation »Löcher« und damit kleine Schneepyramiden. Diese wachsen gleichsam stetig in die Höhe und bilden eine sehr raue und unregelmäßige Schneeoberfläche.

Büßerschnee als raue Schneeoberfläche an einem stark besonnten Hang

## Oberflächenreif

In Nächten mit starker Abstrahlung, tiefen Temperaturen und hoher Luftfeuchtigkeit (> 70 %) kann sich Oberflächenreif bilden. Dieser entsteht v.a. an windschwachen Lagen und in Kälteseen, wo kalte und feuchte Luft liegen blieb. In Kammlagen

Oberflächenreif bildet sich in klaren und kalten Nächten mit relativ hoher Luftfeuchtigkeit. Er ist vor allem in schattigen und kammfernen Lagen anzutreffen.

ist es oft windiger, was die Bildung von Oberflächenreif reduziert. Große Oberflächenreifformen sind v.a. im Bereich von offenen Gewässern zu finden. Während des Tages verschwindet der Oberflächenreif bei starker Sonneneinstrahlung oft wieder, während er in Schattenhängen länger bestehen bleibt und unter Umständen sogar weiterwächst.

## Gelände

Während die Hangneigung einen direkten Einfluss auf die hangabwärts gerichteten Kräfte in der Schneedecke hat, beeinflussen die meisten anderen Geländeeigenschaften die Schneedecke nur indirekt. Vom Gelände hängt z.B. ab, wie groß die Einstrahlung der Sonne auf die Schneedecke ist. Dadurch beeinflusst das Gelände die Schneetemperatur und somit die Schneeumwandlung. Zudem steuert es die Windverhältnisse und daher das Potenzial für Triebschneeansammlungen.

### Hangneigung

Die Hangneigung ist ein wichtiger lawinenbildender Faktor. Je steiler ein Hang, desto größer sind die hangabwärts gerichteten Kräfte. Dies bedeutet, dass die Schneedecke mehr kriecht oder gleitet. Die Auslösung von Gleitschneelawinen ist deshalb von der Hangneigung abhängig.
Auch bei der Bildung von Schneebrettlawinen ist die Hangneigung ein Schlüsselfaktor, insbesondere im Hinblick darauf, ob das Schneebrett nach dem Bruch der Schwachschicht abrutscht oder nicht. Die kritische Reibung liegt bei rund 30 Grad Hangneigung. Die mittlere Hangneigung in Anrissflächen von typischen Unfalllawi-

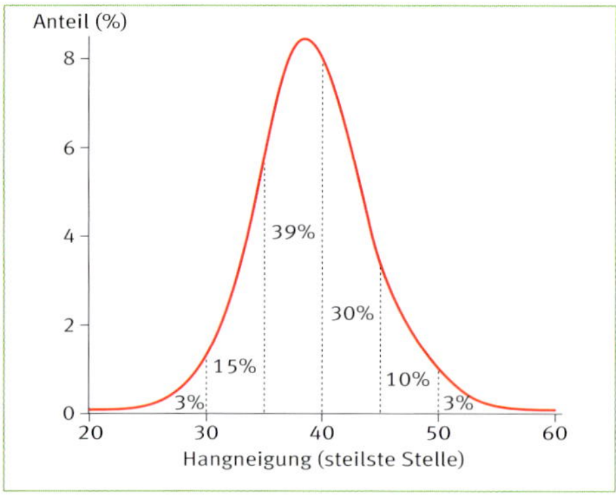


Lawinenunfälle ereignen sich am häufigsten zwischen 35° und 40° Hangneigung, und zwar unabhängig von der Gefahrenstufe.

nen liegt bei rund 35 Grad, die steilste Hangpartie ist im Mittel rund 40 Grad steil, d.h. Hänge mit einer durchschnittlichen Neigung von 35 Grad und mehr sind für Schneebrettlawinen besonders geeignet.

## Geländeform

Durch die Geländeform (Topografie) wird der Wind auf verschiedene Art und Weise abgelenkt. Daher ist die räumliche Verteilung von Triebschneeablagerungen stark von der Topografie abhängig. In windgeschützten Mulden wird der Schnee typischerweise in großen Mengen abgelagert und bleibt ungestört liegen, wodurch dort mächtige Schneeschichten entstehen. Bei rückenartigem (konvexem) Gelände wird der Schnee oft vom Wind abgetragen. Dadurch ist die Schneedecke dünner als in den benachbarten Mulden. Aufgrund der unterschiedlichen Mächtigkeiten herrschen in der Schneedecke verschiedene Temperaturverhältnisse. Dort, wo die Schneedecke dünn ist, wandelt sie sich aufgrund des größeren Temperaturgradienten mehr aufbauend um, und es kann sich eher Schwimmschnee bilden als dort, wo die Schneedecke mächtig ist.

**KURZ UND KNAPP**

Je steiler, desto gefährlicher!
Hangneigung > 30° = Lawinengelände
Die meisten Lawinen lösen sich ab einer Hangneigung von 35°.

In Bezug auf Triebschnee sind folgende Geländeformen wichtig:

› **Mulden und Rinnen:** In Mulden und Rinnen sammelt sich Triebschnee an. Die Altschneeoberflächen in Mulden sind oft gleichmäßig, da dort wenig Erosion stattfindet. Dies begünstigt allenfalls die Bruchausbreitung, wenn solche Oberflächen eingeschneit werden. Nach Perioden, in denen größere Mengen Triebschnee verfrachtet wurden, sind Mulden für Schneesportler oft heikel. Insbesondere die Randbereiche von Mulden sind für eine Auslösung des frischen Triebschnees kritisch, da dort typischerweise der Schnee weniger mächtig (leichter auslösbar) und das Gelände steiler ist. Mulden haben zudem verschiedene Expositionen, was zu unterschiedlichen Schneedeckeneigenschaften führen kann.

› **Hänge unterhalb von Terrassen und Plateaus:** Terrassen bieten große Angriffsflächen, wo der Wind Schnee verfrachten kann. In Steilhängen unterhalb davon kann sich dabei viel Triebschnee ablagern. Weiter unten im Hang nimmt die Triebschneemenge oft wieder ab.

› **Kammlagen:** Als Kammlagen werden Bereiche direkt unterhalb von Gebirgskämmen, Graten und Gipfeln bezeichnet. Kammlagen sind oft felsdurchsetzt und stark dem Wind ausgesetzt. Dabei ent-

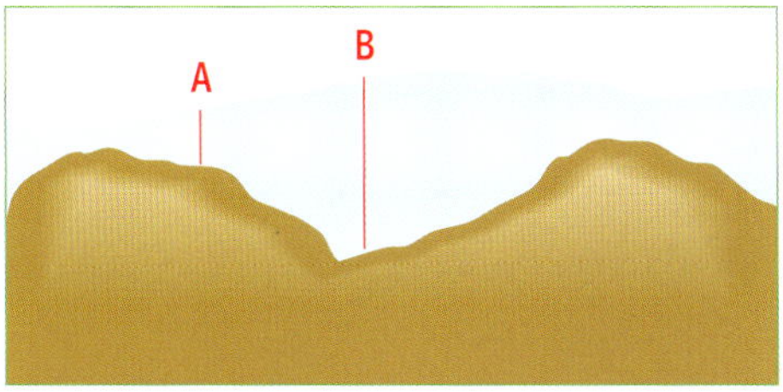


Bei kalten Temperaturen wird die Schneedecke an der Stelle A mehr aufgebaut (dünne Schneedecke) als an der Stelle B (dicke Schneedecke).

steht häufig frischer Triebschnee. Kammlagen sind nach Niederschlagsperioden meistens ungünstig.

› **Felsdurchsetztes Gelände:** Hänge mit Felsen, die aus dem Schnee ragen und nicht zu dicht beieinanderliegen, vermitteln oft ein Gefühl von Sicherheit. Dieser Anschein trügt jedoch. Weil die Schneemächtigkeit um Felsblöcke herum oft geringer ist, sind dort die Temperaturgradienten höher und Schwachschichten dementsprechend besonders ausgeprägt. Brüche sind in der Nähe von Felsblöcken oft einfacher auszulösen. Zudem ist felsdurchsetztes Gelände oftmals über 40 Grad steil.

› **Freie Hanglagen:** Freie Hanglagen zeichnen sich durch ähnliche Hangneigungen und Expositionen aus, d.h. das Gelände ändert sich über größere Flächen hinweg nicht wesentlich. Die Schneedecke wird daher nicht durch die Geländeform beeinflusst. Folglich ist der Schichtaufbau typischerweise relativ gleichmäßig. Wir haben in freien Hanglagen meist wenig Optimierungsmöglichkeiten bei der Routenwahl.

Felsdurchsetztes Steilgelände

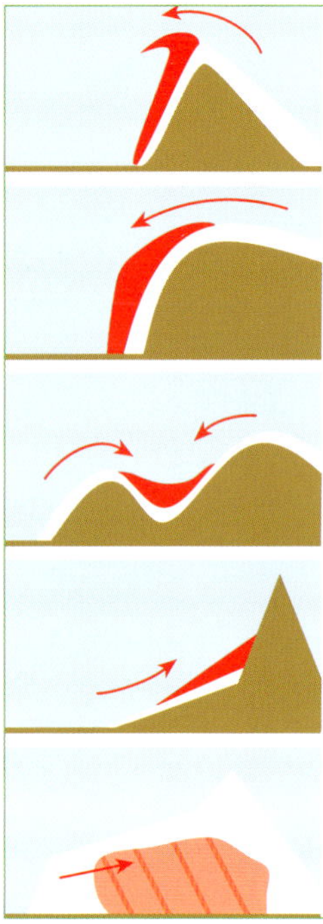


Typische Geländeformen, wo sich oft Triebschnee ansammelt.

**KURZ UND KNAPP**

Bei einem Wechsel der Geländeform oder der Exposition ändert sich oft auch der Schneedeckenaufbau – und zwar innerhalb weniger Meter.

## Exposition

Die Exposition bestimmt, neben der Neigung, wie viel Sonnenstrahlung auf einen Hang wirkt. Südhänge erhalten viel Sonneneinstrahlung. Dies führt zu großen Temperaturschwankungen zwischen Tag und Nacht. Die Lawinengefahr ist deshalb im Allgemeinen niedriger als in Nordhängen. In Letzteren können sich aufgrund der kalten Temperaturen Schwachschichten bilden und der Rückgang der Lawinengefahr verläuft langsamer. In Nordhängen ereignen sich mehr als doppelt so viele Lawinenunfälle wie in Südhängen. Südhänge können in gewissen Situationen auch einmal gefährlicher sein als Nordhänge, z.B.:

› Am ersten schönen Tag nach einem Schneefall wird der Neuschnee an Südhängen schneller brettartig und kann allenfalls leichter ausgelöst werden.
› Harschkrusten, welche v.a. an Südhängen vorkommen, begünstigen die Bildung von dünnen Schwachschichten im Bereich der Kruste.
› Der Temperaturunterschied zwischen dem Neuschnee und der Altschneeoberfläche kann an Südhängen groß sein und zu Schwachschichten führen.
› Nordwind kann lockeren Schnee aus den Nordhängen in die Südhänge verfrachten.

## Höhenlage

Das Gelände hat einen großen Einfluss darauf, wie stark die Schneedecke räumlich variiert (siehe Kap. Variabiliät, S. 36). Es gibt drei typische Höhenstufen, die bezüglich Variabilität unterschiedliche Eigenschaften haben.

1. **Unterhalb der Waldgrenze** weht der Wind weniger stark. Im freien Feld und im lichten Wald ist der Schneedeckenaufbau eher gleichmäßig, im dichten Wald hinge-

**KURZ UND KNAPP**

› In Schattenhängen ist die Schneedecke kalt und hat oft einen schwächeren Aufbau als in Sonnenhängen.
› Sonnenhänge können v.a. bei starker, kurzfristiger Erwärmung kritisch werden, wie im Frühling und nach Neuschnee.

Nordhänge (Schatten) sind oft gefährlicher als Südhänge. Manchmal ist es jedoch genau umgekehrt.

gen ist der Schneedeckenaufbau variabel. Die Temperaturschwankungen in dieser Höhenlage wirken sich oft positiv aus.

2. **Große homogene Hänge** zwischen Waldgrenze und ca. 100–300 Höhenmetern unterhalb Kammlagen/Gipfel/Passlagen: oft relativ wenig Geländerauigkeiten und wenig Winderosion. Öfters durchgehend ähnliche Schneedeckeneigenschaften. Wenn der Aufbau der Altschneedecke

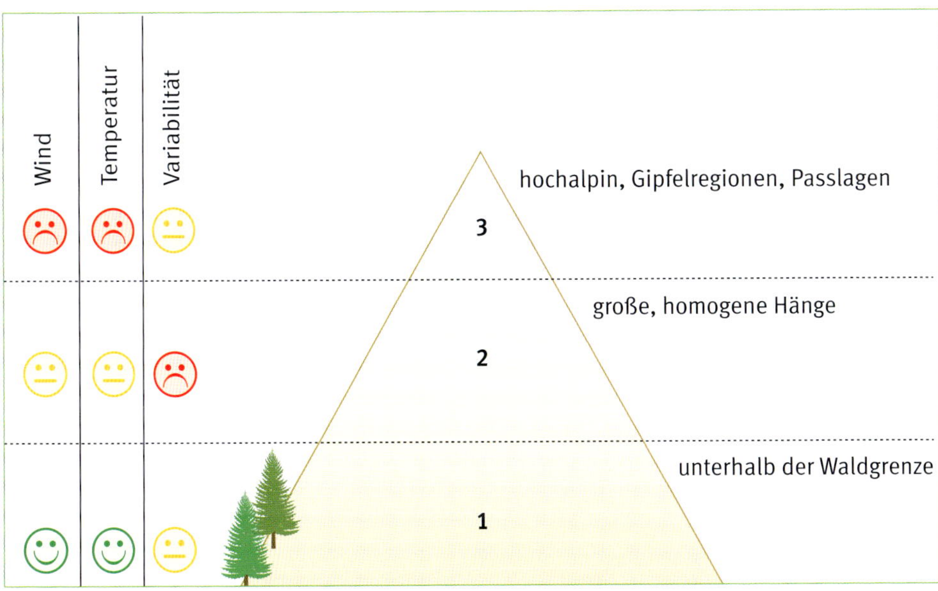


Wind, Temperatur und Variabilität sind in den drei Höhenstufen oft verschieden.

ungünstig ist, werden vor allem in dieser Höhenstufe große Lawinen ausgelöst.

3. **Kammlagen/Gipfel/Passlagen** und bis ca. 100–300 Höhenmeter unterhalb davon: Ausgeprägte Geländerauigkeiten und häufig starke Winde führen wiederholt zu winderodierten Schneeoberflächen, aber auch zu Triebschnee. Die Schneedecke kann auf engem Raum (< 2 m) oder auch großflächiger variabel sein. Bereits kleine Lawinen können in dieser Höhenstufe zu gefährlichen Abstürzen führen. Große Lawinen sind vor allem nach Großschneefällen zu erwarten.

## Mensch

Der Mensch ist ein wichtiger Faktor bei der Entstehung von Lawinen. Nur in rund fünf Prozent aller Lawinenunfälle mit Wintersportlern löste sich die Lawine spontan. In den allermeisten Fällen erfolgte die Auslösung durch die beteiligten Wintersportler oder sogar durch das Opfer selbst. In diesem Kapitel behandeln wir die mechanischen Einflüsse des Menschen auf die Schneedecke. Die ebenfalls sehr wichtigen psychologischen Aspekte wie Wahrnehmung, Entscheiden, soziale Effekte etc. werden im Kapitel Faktor Mensch, S. 127 beschrieben.

### Zusatzlast

Entscheidend für die Lawinenauslösung durch einen Wintersportler ist seine Krafteinwirkung auf die Schneedecke, und zwar sowohl das flächige Ausmaß als auch die

Durch die Krafteinwirkung eines Wintersportlers können Lawinen ausgelöst werden.

Bei Stürzen oder Sprüngen belasten wir die Schneedecken am meisten.

Tiefenwirkung. Die Wirkungszone liegt bei rund ein bis zwei Quadratmetern Fläche um den Skifahrer herum. Bei einer Gruppe von Skifahrern addieren sich deshalb die Krafteinwirkungen der einzelnen Personen auch ohne Abstände nicht unmittelbar. Entlastungsabstände dienen also primär dazu, das Risiko einer Mehrfachverschüttung zu minimieren.

Die Belastung eines Skifahrers oder Snowboarders auf die Schneedecke ist unterschiedlich. Die dynamische Belastung, während der Abfahrt oder gar bei einem Sturz, kann ein Mehrfaches größer sein als die Belastung, die ein ruhig stehender Wintersportler auf die Schneedecke ausübt. Wie viel höher sie ist, ist allerdings vom Fahrstil und der Schneedecke abhängig.

Die Kräfte, die der Wintersportler auf die Schneedecke ausübt, nehmen mit zunehmender Tiefe schnell ab. Sie sind in 80 Zentimetern Tiefe rund vier Mal kleiner als in 20 Zentimetern Tiefe. Die typische Wirkungstiefe eines Wintersportlers, der in weichem Schnee abfährt, liegt bei 40 bis 60 Zentimetern. Wenn eine kritische Schicht deutlich tiefer liegt, ist es wenig wahrscheinlich, dass eine normal abfahrende Einzelperson eine Lawine auslöst. Bei einem Sturz in der Abfahrt können auch Kräfte auftreten, die bis ca. einen Meter tief wirken.

In weichem Schnee wirken die Kräfte eines Wintersportlers vor allem in die Tiefe. Die flächige Auswirkung ist eher gering. Bei hartem, tragfähigem Schnee geht der Einfluss mehr in die Breite als in die Tiefe. Je wärmer der Schnee, desto größer die Tiefenwirkung eines Wintersportlers. Die Eigenschaften des Schneebretts, in erster

**EXPERTENTIPP**

- Die Wirkungstiefe eines Wintersportlers liegt bei normaler Belastung bei 40–60 cm. Bei großer Belastung (z.B. bei einem Sturz) auch tiefer (rund 1 m).
- Je härter der Schee, desto geringer ist die Tiefenwirkung und desto größer die Breitenwirkung.
- Je wärmer der Schnee, desto größer ist die Tiefenwirkung.
- Die geringste Belastung in die Tiefe erzeugt ein Wintersportler bei sanftem Fahren mit Belastung auf beiden Skiern und hartem, kaltem Schnee
- Die größte Belastung erzeugen Wintersportler, wenn sie stürzen, springen oder sich eng gruppieren (z.B. beim Zusammenkommen nach der Abfahrt), und wenn der Schnee warm und/oder weich ist.
- Schneebrettlawinen werden durch Wintersportler vor allem an eher schneearmen Stellen ausgelöst, wo das Schneebrett über der Schwachschicht nicht besonders mächtig ist.

Typischer Wirkungsbereich eines Skifahrers in der Schneedecke

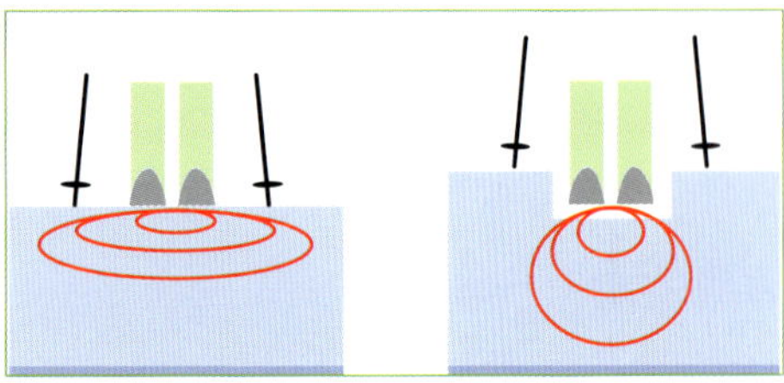

Wirkungsbereich eines Skifahrers bei hartem Schnee (links) und weichem Schnee (rechts). Wenn der Schnee warm ist (wenig unter 0 °C), geht der Einfluss des Skifahrers in beiden Fällen tiefer.

Linie die Einsinktiefe und die Mächtigkeit, spielen also eine entscheidende Rolle bei der Bruchinitiierung durch Wintersportler.

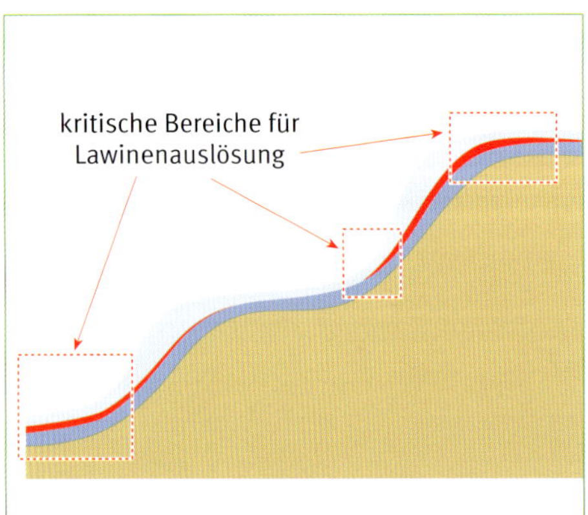


Kritische Bereiche für Lawinenauslösungen: Schwachschicht (rot) mit dünnem Brett darüber (ca. 20–60 cm)

## Häufiges Befahren

Als häufig befahren gelten Hänge, wenn sie nach jedem Schneefall so stark befahren werden, dass sie danach kaum mehr unverspurte Flächen aufweisen. Solche Hänge kommen vor allem im Variantengelände von Skigebieten und auf besonders populären Touren vor. Durch die vielen Spuren wird die Schneeoberfläche unregelmäßig. Wenn daher ein Hang nach jedem größeren Schneefall stark verspurt wird, entsteht in der Schneedecke eine große Variabilität im Meterbereich. Dadurch können sich

**EXPERTENTIPP**

Die Beurteilung, ob Hänge häufig befahren wurden, verlangt gute Ortskenntnisse. Wissen wir, in welchen Bereichen Hänge häufig und regelmäßig befahren wurden? Oft werden die Hangbereiche oberhalb von Einfahrtstraversen selten befahren.

**KURZ UND KNAPP**

Häufig befahrene Hänge können vielfach als günstiger beurteilt werden.
Viele Spuren bewirken eine unregelmäßige Schneeoberfläche. Dies ist eine günstige Ausgangslage für den nächsten Schneefall.

durch Wintersportler ausgelöste Brüche in Schwachschichten kaum ausbreiten. Häufig befahrene Hänge können deshalb generell als günstiger beurteilt werden als wenig befahrene. Es gibt aber auch Situationen, wo dies nicht der Fall ist; zum Beispiel:

- bei durchnässtem Schnee
- bei über 50 cm Neuschnee
- bei kohäsionslosem, stark aufgebautem Schnee
- bei Traversen, wo alle in der gleichen Spur fahren
- anfangs Winter, wenn beliebte Touren und Variantenabfahrten noch nicht häufig unternommen wurden

Häufig befahrener Hang

# T Typische Lawinensituationen – die vier Muster

Tagtäglich erkennen wir Personen wieder, die uns vorher schon einmal begegnet sind. Ihre Erkennung erfolgt ohne Überlegung, ist blitzschnell und meist richtig. Personen, die wir uns gut eingeprägt haben, erkennen wir sogar bereits anhand weniger grober Merkmale, z. B. der Silhouette, Gangart oder Stimme. Diese enorme Stärke unseres Gehirns bei der Interpretation und Wiedererkennung von Merkmalen können wir auch für die Beurteilung der Lawinengefahr nutzen. Erfahrene Alpinisten und Tourengänger stützen sich bei der Einschätzung der Lawinenproblematik oft auf ähnlich erlebte Situationen in der Vergangenheit. Die Intuition spielt bei ihren Entscheidungen eine wichtige Rolle, da diese Wiedererkennungsmechanismen zum Teil unbewusst ablaufen. Die Erfahrung ist daher ein großer Vorteil bei der Beurteilung der Lawinensituation. Wenn allerdings bei kritischen Situationen mehrmals trotz erhöhtem Risiko keine Lawinen ausgelöst werden, besteht die Gefahr, dass das risikoreiche, den Verhältnissen nicht angepasste Verhalten als richtig und normal eingestuft wird. Die zunehmende Erfahrung führt dann nicht zu einer besseren Beurteilung.

Man sollte sich deshalb nicht nur auf die eigene Erfahrung verlassen. Es lohnt sich, die Erfahrung mit Wissen zu kombinieren und sich einfache, wiedererkennbare Muster einzuprägen. Typische Lawinensituationen können in vier grobe Muster eingeteilt werden:

› Neuschnee
› Triebschnee (Wind)
› Nassschnee und
› Altschnee (schwache Schneedecke)

Es können auch mehrere Muster gemeinsam vorkommen. Innerhalb jedes Musters sind verschiedene Konstellationen möglich, welche sich auf die aktuelle Gefahr und deren weitere Entwicklung unterschiedlich auswirken. Diese einfache Struktur der vier Muster hilft, sich innerhalb des komplexen Systems der Lawinenbildung zu orientieren und den Fokus auf das Hauptproblem und somit die im Moment wesentlichen Faktoren

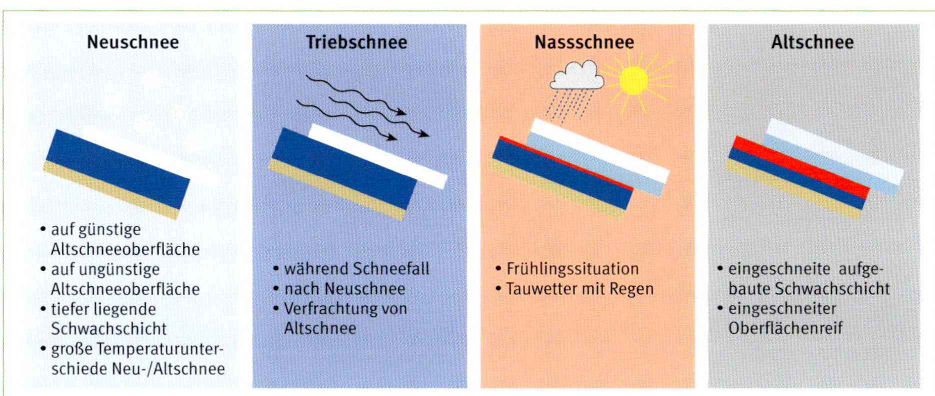


Übersicht über die vier Muster typischer Lawinensituationen sowie verschiedene Konstellationen, die auftreten können.

zu lenken. Für den weniger erfahrenen Wintersportler bieten die Muster meist die einzige Möglichkeit für die Wiedererkennung einer Lawinensituation.

## Neuschneesituation

Innerhalb der letzten ein bis drei Tage ist Neuschnee gefallen. Der Neuschnee ist einerseits eine Zusatzlast für die Schneedecke und andererseits bildet er eine neue Schicht. Diese kann je nach Beschaffenheit und Verbindung mit dem Altschnee darunter als Schneebrettlawine abgleiten. Neuschnee kann aber auch die Schneedecke so verändern, dass eine Lawinenauslösung in einer tieferen Schwachschicht möglich wird.

Bei einer Neuschneesituation sind folgende Punkte wichtig:

› Neuschneemenge
› Eigenschaften des Neuschnees: Dichte? »Warm« oder »kalt«? Locker oder brettartig?
› Beschaffenheit der Altschneeoberfläche und Vorhandensein allfälliger Schwachschichten weiter unten in der Schneedecke.

Im ungünstigsten Fall reichen 10 Zentimeter Neuschnee, damit eine kritische Lawinensituation entsteht. Ab 50 Zentimetern sind auch bei optimalen Bedingungen Schneebrettlawinen möglich.

Mit der Regel zur sog. **kritischen Neuschneemenge** stufen wir die Gefährlichkeit des Neuschneeproblems ein (siehe Kap. Kritische Neuschneemenge, S. 111).

Neuschneesituationen sind relativ leicht zu erkennen und die Verbreitung von Gefahrenstellen ist meist flächig. Neuschnee

Verlockender Neuschnee und verbreitetes Neuschneeproblem. Die Lawine wurde durch defensives Verhalten fern ausgelöst.

verändert sich relativ schnell und dies abhängig von der Temperatur in unterschiedlicher Art und Weise. Eine Neuschneesituation verbessert sich daher in der Regel nach ein bis drei Tagen. Wenn allerdings unterhalb des Neuschnees ausgeprägte Schwachschichten vorhanden sind, bleibt ein Altschneeproblem.

**KURZ UND KNAPP**

Neuschnee auf einer günstigen Altschneeoberfläche kann sowohl Schneebrett als auch Schwachschicht sein. Dies allerdings nur kurzfristig.

- Eher ungünstig: wenn Neuschnee nach oben hin immer dichter wird.
- Eher günstig: wenn Neuschnee nach oben hin immer lockerer wird.

## Neuschnee auf günstiger Altschneeoberfläche

Als günstige Altschneeoberfläche kann eine Schneeoberfläche bezeichnet werden, welche die folgenden beiden Eigenschaften besitzt: Erstens muss sie kleinräumige Unregelmäßigkeiten aufweisen (im Meterbereich). Zweitens darf sie nicht die Eigenschaften einer Schwachschicht haben (siehe Kap. Schwachschichten, S. 30), sondern soll eine stark verdichtete Struktur aufweisen, in der sich kein Bruch bilden kann (sie kann nicht kollabieren).

Es sind dies vor allem:

- harte, winderodierte Oberflächen
- stark verspurte Schneeoberflächen
- rauer Schmelzharsch (Krusten)
- Büßerschnee (siehe Kap. Strahlung, S. 56)

Auch wenn Neuschnee auf eine stabile und verfestigte Schneedecke fällt, können

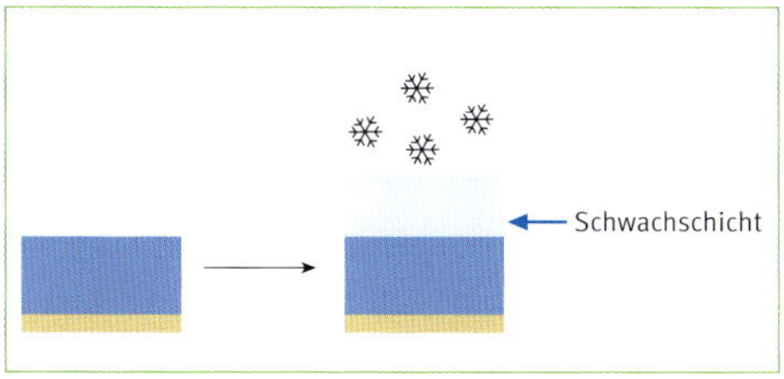


Fällt Neuschnee auf eine günstige Altschneeoberfläche, kann ein Bruch innerhalb des Neuschnees zur Schneebrettlawine führen. Diese Art von Schwachschicht verfestigt sich aber rasch.

Schneebrettlawinen entstehen. Dies geschieht, wenn sich im Neuschnee Brüche bilden, die sich fortpflanzen können. Da während einer Schneefallperiode der Schnee selten unter den immer gleichen Bedingungen abgelagert wird, kann die Struktur je nach Windeinfluss oder Temperatur innerhalb der gleichen Neuschneeschicht variieren.

Häufig gibt es innerhalb einer Neuschneeperiode kurze Niederschlagspausen (wenige Stunden), d. h. es folgen mehrere Neuschneefälle kurz aufeinander. Diese bilden unter Umständen unterschiedliche Neuschneeschichten.

Je weniger Wind den Neuschnee beeinflusst, desto schwächer ist seine Struktur und desto eher sind Brüche im Neuschnee möglich. Liegt dichter Neuschnee auf weniger dichtem Neuschnee, begünstigt dies die Lawinenbildung stärker, als wenn das Gegenteil der Fall ist.

Die Bindungen zwischen den einzelnen Schneekristallen verstärken sich im Neuschnee relativ schnell (Setzen und »Sintern«). Je wärmer und je größer die Überlast ist, desto schneller findet dieser Prozess statt. Durch die Setzung des Neuschnees beruhigt sich die Situation relativ schnell. Die Gefahr von Brüchen innerhalb des Neuschnees nimmt schon nach einem

Tag markant ab. Wumm-Geräusche sind eher selten zu hören.

**Typisches Vorkommen:**

› in der zweiten Hälfte des Winters eher häufiger

› Neuschnee in Regionen mit günstigem Schneedeckenaufbau

› Neuschnee in Kammlagen

## Neuschnee auf ungünstiger Altschneeoberfläche

Als ungünstige Altschneeoberfläche kann eine Schneeoberfläche bezeichnet werden, die weich und relativ locker ist und eine grobkörnige Struktur aufweist, also die typischen Eigenschaften einer Schwachschicht hat. Zudem muss diese Struktur über größere Distanzen (10 m oder mehr) ähnlich sein. Typische schwache Oberflächenschichten sind:

› Oberflächenreif

› kantig aufgebauter, lockerer Schnee

Fällt Neuschnee auf eine ungünstige Altschneeoberfläche, erfolgt der Bruch in der schwachen obersten Altschneeschicht unmittelbar unterhalb des Neuschnees. Wenn sich der Neuschnee im Verlauf der Zeit setzt, wird er brettartiger, und die Lawinen-

**KURZ UND KNAPP**

Neuschnee auf einer schwachen Altschneeoberfläche führt meist zu einem lang anhaltenden Lawinenproblem mit geeignetem Schneebrett auf einer Schwachschicht.

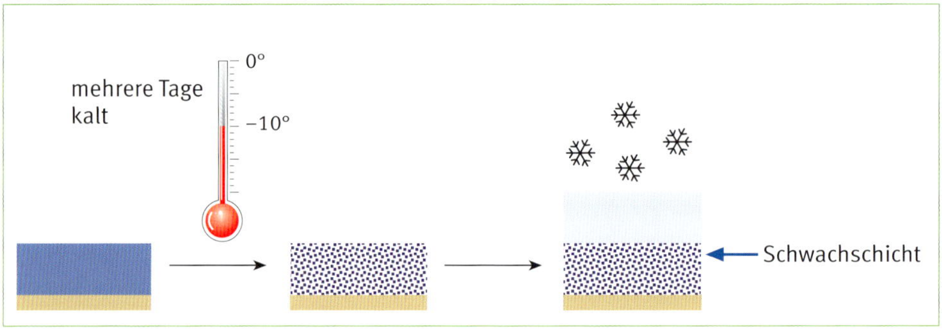


Fällt Neuschnee auf stark aufgebauten Altschnee, entsteht eine kritische, oft länger andauernde Lawinensituation.

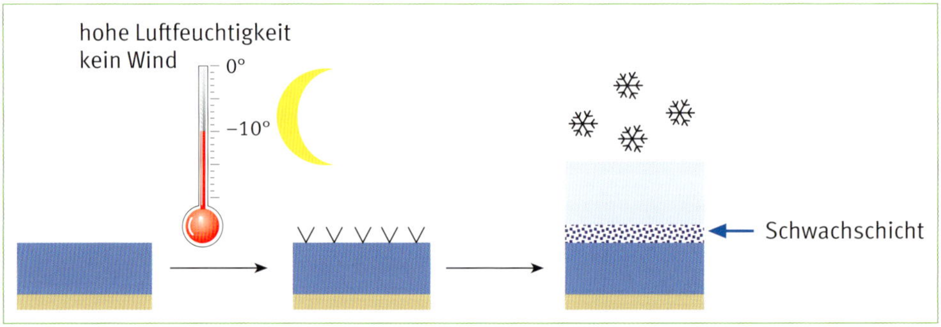


Ein typisches Beispiel einer fragilen Schneeoberfläche ist Oberflächenreif. Er bildet eine ungünstige Altschneeoberfläche für den nächsten Schneefall.

gefahr kann sogar kurzfristig noch zunehmen. Bei dichtem oder feuchtem Neuschnee reichen oft schon 20–30 Zentimeter für Spontanlawinen. Nach rund drei Tagen hat sich der Neuschnee selbst zwar verfestigt, aber der ungünstige Altschnee darunter existiert weiterhin. Das Neuschneeproblem wird mit der Zeit zum Altschneeproblem. Nach Großschneefällen bildet sich mit der Setzung eine mächtige homogene Schicht, sodass Wintersportler kaum mehr Schneebrettlawinen auslösen können: Die Lawinensituation wird günstiger.

**Typisches Vorkommen:**

› Neuschnee nach langen kalten Trockenperioden, während derer sich locker aufgebaute Schichten bilden konnten (häufig Dezember bis Februar).

› Schattenhänge, die wegen ihrer Abschattung lange kalt bleiben, auch wenn es an Südhängen angenehm warm ist.

› Neuschnee auf Oberflächenreif

## Neuschnee auf einer tiefer liegenden Schwachschicht

Wenn Neuschnee auf eine Schneedecke mit einer tiefer liegenden Schwachschicht (z. B. 20 cm unter der Schneeoberfläche) fällt, besteht das potenzielle Schneebrett aus dem Neuschnee und dem Altschnee oberhalb der Schwachschicht. Mit zunehmender Neuschneemenge wird dieses Schneebrett mächtiger und dadurch auslösebereiter. Oft braucht es nur wenig Neuschnee (weniger als die kritische Neuschneemenge), damit sich die Lawinensituation in solchen Fällen verschärft. Liegt eher lockerer Altschnee über der Schwachschicht, so bildet sich erst durch den Neuschnee ein geeignetes Schneebrett.

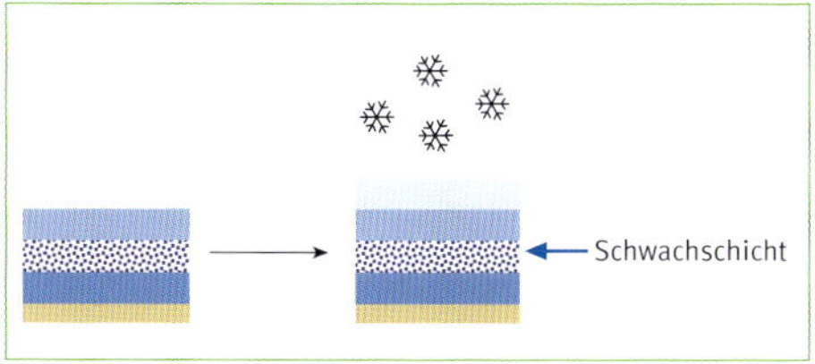


Neuschnee kann in tiefer liegenden Schwachschichten Brüche verursachen.

**KURZ UND KNAPP**

Bei Neuschnee ist nicht nur zu beachten, wie gut er mit der Altschneeoberfläche verbunden ist, sondern auch, ob tiefer liegende Schwachschichten existieren.

Auch wenn der Neuschnee auf eine günstige Altschneeoberfläche fällt, entschärft sich die Lawinensituation nur sehr langsam, wenn unterhalb der Altschneeoberfläche eine Schwachschicht liegt (z. B. Neuschnee auf verfestigtem altem Triebschnee von 20 cm über einer schwachen Schicht).

Die Bruchanfälligkeit einer tiefer liegenden Schwachschicht wächst,

› je näher die Schwachschicht an der Schneeoberfläche liegt,

› je mehr Neuschnee fällt und

› je dichter und wärmer der Neuschnee ist.

**Typisches Vorkommen:**

› schneearme Winter oder schneearme Regionen ohne große Schneefallereignisse im bisherigen Winterverlauf,

› kleine Schneefallereignisse wechseln sich mit trockenen, sonnigen Perioden ab.

## Große Temperaturunterschiede zwischen Neu- und Altschnee

Besteht zwischen Neuschnee und Altschnee ein großer Temperaturunterschied, entsteht im Übergangsbereich dieser beiden Schichten kurzfristig ein großer

Temperaturgradient. Es kann sich eine dünne, aufgebaute Schwachschicht bilden. Dies ist eine der wenigen Situationen, wo die Schwachschichtbildung nicht an der Schneeoberfläche stattfindet.

Besonders ausgeprägt ist eine solche Situation in folgendem Fall: Nachdem die Schneeoberfläche aufgrund der intensiven Sonneneinstrahlung feucht wurde, folgt eine Kaltfront mit 20 Zentimetern Neuschnee, dann reißt es auf, und es bleibt einige Tage kalt. Der abrupte Temperatursturz führt am Übergang Neuschnee/Altschnee innerhalb von wenigen Zentimetern zu einem großen Temperaturunterschied. Dadurch kann sich in einem Zeitraum von einem halben bis zu zwei Tagen im Neuschnee unmittelbar oberhalb der Altschneeoberfläche eine Schwachschicht aufbauen. Während des Aufbaus der Schwachschicht gefriert die feuchte Altschneeoberfläche zu einer Kruste. Die Schwachschicht liegt danach direkt oberhalb dieser Kruste.

Bei dieser Art der Schwachschichtbildung ist entscheidend, wie feucht die »warme« Altschneeoberfläche war. Je feuchter die Schneeoberfläche und je größer der Temperaturgradient, desto stärker wird die aufbauende Umwandlung.

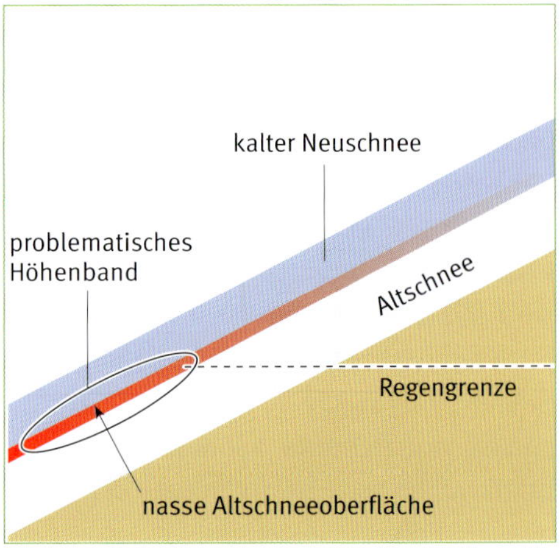


Am heikelsten ist der Höhenbereich, wo die Schneeoberfläche feucht und der Temperaturunterschied zwischen Neu- und Altschnee am größten ist (sinkende Schneefallgrenze).

Solche Situationen treten auf, wenn Regen in Schnee übergeht (Kalt- auf Warmfront), im Frühling oder generell an stark besonnten Hängen. Sie sind heimtü-

**KURZ UND KNAPP**

Kalter Neuschnee auf warmem, feuchtem Altschnee verbindet sich anfänglich zwar gut, aber wegen des großen Temperaturunterschieds kann sich mit der Zeit eine dünne, aufgebaute Schwachschicht bilden. In der Nähe von Krusten sind oft Schwachschichten anzutreffen.

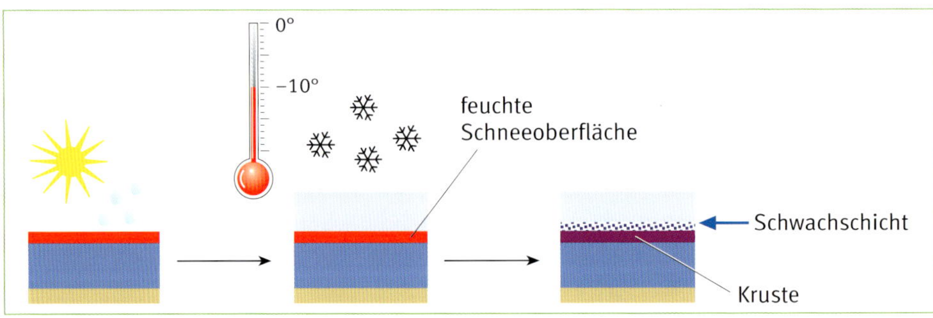


Bei großem Temperaturunterschied zwischen Neu- und Altschnee bildet sich nach dem Schneefall in der Schneedecke allmählich eine Schwachschicht.

ckisch, da sie auch in Hanglagen mit sonst günstigem Schneedeckenaufbau vorkommen können und die Bedingungen aufgrund der guten Verbindung zwischen Neuschnee und Altschneeoberfläche anfänglich günstig sind. Schon nach kurzer Zeit kann sich die Situation durch die Schwachschichtbildung aber verschlechtern. Solche Schwachschichten bleiben allerdings weniger lange bestehen als Schwimmschnee oder Oberflächenreif. Meistens sind die Bedingungen für diese Art von Schwachschichtbildung nur auf einer gewissen Höhenstufe gegeben (siehe Abbildung links oben).

**Typisches Vorkommen:**

› Regen bis in hohe Lagen (› 1500 m), gefolgt von einer Kaltfront mit Schnee bis in die Niederungen. Typischerweise einige 100 Höhenmeter unterhalb der Regengrenze,

› bei kaltem Neuschnee im Frühling auf stark besonnten Hängen,

› in den Sommermonaten im Hochgebirge, wenn Schnee bis gegen 2000 m fällt.

**EXPERTENTIPP**

**Neuschneemuster**

› Je mehr Neuschnee fällt, umso markanter ist der Anstieg der Lawinengefahr.

› Wichtig ist die Beschaffenheit der Schneeoberfläche vor dem Schneefall.

› Günstig ist lockerer Neuschnee auf gut verfestigtem, unregelmäßigem Altschnee.

› Ungünstig ist gebundener Neuschnee (Triebschnee oder pappiger Schnee) auf schwacher, lockerer Altschneeoberfläche.

› Vorsicht bei markanter Erwärmung nach Neuschnee!

**Wichtige Fragen,** um Neuschneesituationen zu beurteilen:

› Neuschneemenge und Intensität des Schneefalls?

› Eigenschaften des Neuschnees: locker oder gebunden?

› Beschaffenheit der Altschneeoberfläche und generell der Altschneedecke?

## Umgang mit Neuschneesituationen

Gefahrenstellen sind bei Neuschneesituationen weitverbreitet. Daher sind auch kaum Umgehungsmöglichkeiten vorhanden. Während und in der ersten Phase nach dem Neuschneefall ist deshalb defensives Verhalten ratsam. Nach ein bis drei Tagen findet in der Regel eine Verfestigung des Neuschnees statt. Falls in der Altschneedecke keine ausgeprägten Schwachschichten vorhanden sind, stabilisiert sich die Situation. Andernfalls bleibt ein Altschneeproblem bestehen.

In Neuschneesituationen ist defensives Verhalten oder Abwarten angebracht.

## HINWEISE ZUM NEUSCHNEEMUSTER

| | |
|---|---|
| **Dauer** | 1–3 Tage nach Niederschlagsende; meist 1 Tag bei günstiger Altschneeoberfläche und guten Setzungsbedingungen |
| **Mögliche Brüche in der Schneedecke** | im Neuschnee; in der obersten Schicht der Altschneedecke; tiefer unten in der Schneedecke |
| **Eigenschaften des Schneebrettes** | weich, z. T. locker oder ganz gebunden, feucht oder trocken |
| **Anzeichen** | kritische Neuschneemenge |
| **Alarmzeichen** | v.a. frische Schneebrettlawinen |
| **Typische Verbreitung** | oft flächig in allen Hängen vorhanden; in höheren Lagen wegen des größeren Windeinflusses oft heikler |
| **Erkennbarkeit** | relativ einfach |
| **Typische Gefahrenstufe** | erheblich, groß |
| **Anwendung der GRM** | nützlich |

## Triebschneesituation

Wenn der Wind Schnee verfrachtet, bildet sich gefährlicher, frischer Triebschnee. Dabei kann entweder Neuschnee oder lockerer Altschnee verfrachtet werden. Triebschnee kann sich auch bei schönstem Wetter bilden und eine Lawinensituation schnell verschärfen. Sind unter dem Triebschnee ausgeprägte Schwachschichten vorhanden, so entsteht ein länger anhaltendes Altschneeproblem. Ansonsten verbessert sich die Situation nach ein bis zwei Tagen relativ schnell.

Frischer Triebschnee ist nicht immer einfach zu erkennen. Windspuren allein geben oft wenig Hinweise auf die Mächtigkeit und das Alter des Triebschnees. Es ist deshalb wichtig, den Witterungsverlauf der letzten Tage zu berücksichtigen. Triebschnee sammelt sich oft kleinräumig sehr

Bei Triebschneesituationen ist die Lawinengefahr oft kleinräumig sehr unterschiedlich.

unterschiedlich an. Seine Ablagerung ist wesentlich vom Gelände bestimmt. Oft liegt Triebschnee in Windschattenlagen (z. B. hinter Geländekanten oder in Mulden). Wintersportler können daher mit einer geeigneten Routenwahl heikle Stellen umgehen.

**KURZ UND KNAPP**

Triebschnee, der sich während eines Schneefalls bildet, ordnet man für die Beurteilung dem Neuschneemuster zu. Die Eigenschaften der Lawinengefahr entsprechen eher der Situation nach einem Schneefall.

## Triebschnee während Schneefalls

Häufig bildet sich frischer Triebschnee, wenn es schneit und zugleich ein kräftiger Wind bläst. Der Neuschnee lagert sich dabei in gebundener, brettartiger Form ab. Je nach Beschaffenheit der Altschneeoberfläche kann der Triebschnee sehr auslösefreudig sein. Triebschnee, der sich während eines Schneefalls bildet, kann man einer Neuschneesituation zuordnen und mithilfe der **kritischen Neuschneemenge** beurteilen. Die Risiken betreffend Schneebrettbildung, die Verbreitung der Gefahrenstellen, die Erkennbarkeit und die Verhaltensmaßnahmen entsprechen eher dem Neuschneemuster.

Triebschnee, der während eines Schneefalls entsteht, ist relativ weich und bildet häufig großflächig verbreitete Dünen, auch in freien Hanglagen.

**Typisches Vorkommen:**

- Neuschnee bei Staulagen (typ. Nordwest-Staulage oder Süd-Staulage)
- in jeder Jahreszeit möglich

**Eigenschaften:**

- Gefahrenstellen verbreitet und flächig
- häufig Dünen und mit Schnee verklebte Felsen
- weicher Triebschnee
- Lawinengefahr einfach erkennbar

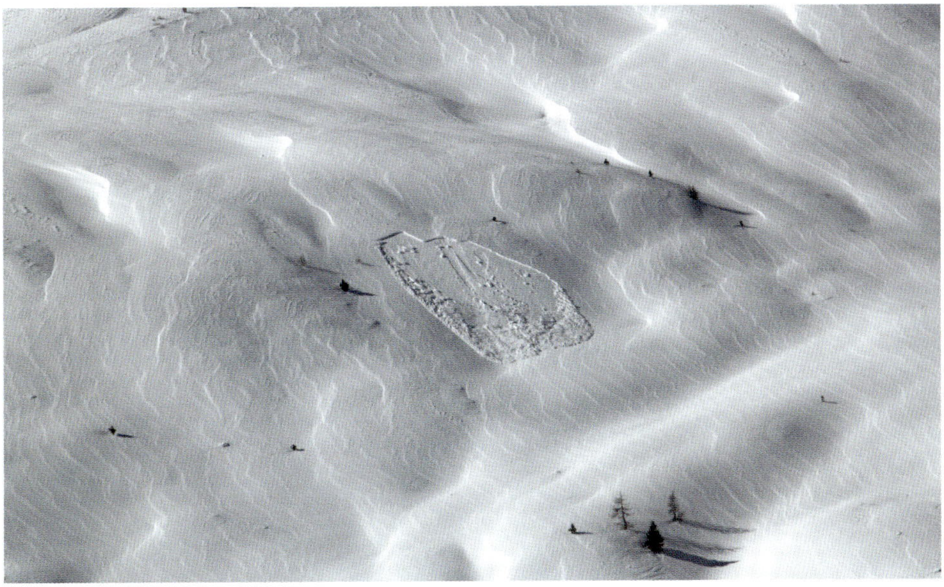

Großflächige Triebschneedünen nach einem Schneesturm mit kleiner spontaner Schneebrettlawine

Verfrachtung von lockerem Neuschnee

## Triebschnee nach Neuschnee

30 Zentimeter lockerer Neuschnee auf einer günstigen Altschneeoberfläche verschärfen eine Lawinensituation nicht wesentlich. Setzt jedoch nach dem Schneefall Wind ein, wird der lockere Neuschnee verfrachtet und als auslösefreudiger Triebschnee abgelagert. Dieser brettartige Triebschnee kommt oft auf Überresten des lockeren Neuschnees zu liegen, der somit kurzfristig zu einer Schwachschicht wird. Solche Schwachschichten setzen und verfestigen sich jedoch bereits nach rund ein bis zwei Tagen wieder. Die Lawinengefahr nimmt relativ schnell ab. Liegt jedoch unterhalb des Neu- oder Triebschnees eine lockere, grobkörnige Schwachschicht, erfolgt der Rückgang langsam und es entsteht ein Altschneeproblem.

**KURZ UND KNAPP**

Lockerer Neuschnee kann durch Windeinfluss schnell sehr auslösefreudig werden.

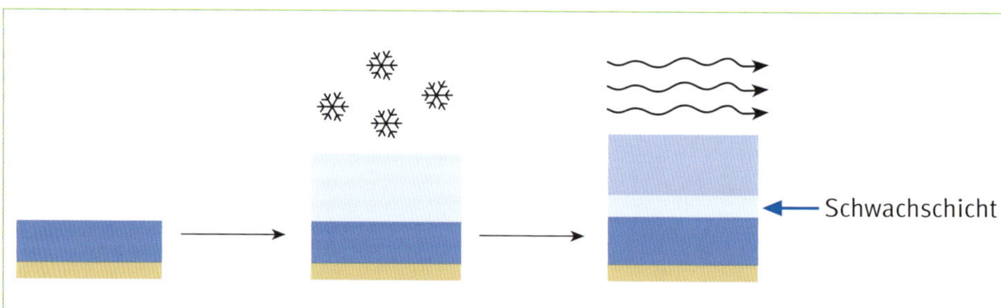


Harmloser lockerer Neuschnee kann durch Wind innerhalb kurzer Zeit zu einem ernsthaften Triebschneeproblem werden.

**Typisches Vorkommen:**
› kalter, frisch gefallener, lockerer und vom Wind verfrachteter Neuschnee
› vor allem im Früh- und Hochwinter oberhalb der Waldgrenze
› unabhängig von der Exposition

**Eigenschaften:**
› Vorwiegend ist es weicher Triebschnee.
› Oft viele Rissbildungen. Böschungstests (siehe Kap. Schneedeckenaufbau und Schneedeckentests, S. 117) funktionieren gut.
› Auslösefreudigkeit des Triebschnees ist oft erkennbar.
› Besonders anfällig sind dem Wind ausgesetzte Lagen (Kammnähe, Passlagen, etc.).
› Die Lawinengefahr kann innerhalb weniger Quadratkilometer sehr unterschiedlich sein. Oberhalb der Waldgrenze liegt z. B. sehr heikler Triebschnee und darunter ist es unproblematisch.
› Die Lawinensituation kann sich in kurzer Zeit sehr schnell ändern. Was beim Aufstieg noch ungefährlich war, kann durch aufkommenden Wind bei der Abfahrt kritisch werden.

## Verfrachtung von Altschnee

Bei Hochdrucklagen im Hochwinter wandelt sich der oberflächennahe Schnee mit der Zeit zu lockerem, grobkörnigem, kantig aufgebautem Schnee um. Dies geschieht vor allem im flachen Gelände und in Hängen mit wenig Sonneneinstrahlung. Auch dieser lockere Schnee ist verfrachtbar, jedoch nicht so leicht wie der Neuschnee. Windgeschwindigkeiten von mindestens 40 km/h sind dazu nötig. Der Triebschnee, der dabei entsteht, ist oft so hart, dass im Aufstieg am Steilhang

Heikle Triebschneesituationen können vereinzelt auch bei geringer oder mäßiger Lawinengefahr auftreten.

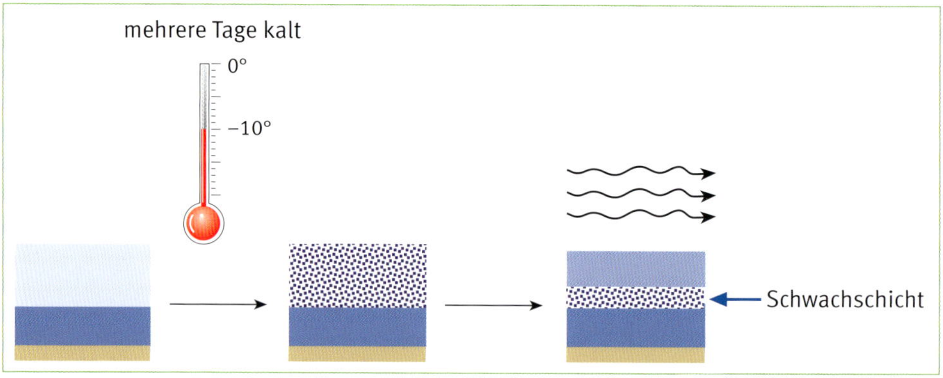


Wird aufgebauter Schnee verfrachtet, entsteht immer eine ungünstige Schichtabfolge Schneebrett/Schwachschicht.

Harscheisen erforderlich sind. Solche harten Schneeoberflächen können eine falsche Sicherheit vortäuschen. Oft weisen sie oberflächliche Erosionsspuren auf. Dadurch erwecken sie auf den ersten Blick fälschlicherweise den Eindruck, dass die Hangpartien abgeblasen sind. Ein abrupter Wechsel beim Spuren von lockerem zu verfestigtem Schnee sollte deshalb kritisch beurteilt werden.

**EXPERTENTIPP**

**Triebschneemuster:**

› Frischer Triebschnee ist immer trocken und gebunden.

› Damit ein Triebschneeproblem entsteht, müssen Wind und verfrachtbarer Schnee zusammen auftreten.

› Beim Triebschneemuster kann die Lawinengefahr kleinräumig sehr unterschiedlich sein.

**Wichtige Fragen,** um die Triebschneesituation zu beurteilen:

› Alter des Triebschnees?

› Mächtigkeit des Triebschnees? Ist der Triebschnee so mächtig, dass darunter kaum etwas auslösbar ist?

› Was liegt unterhalb des Triebschnees?

Wenn kantig aufgebauter Schnee verfrachtet wird, entsteht immer eine ungünstige Abfolge von Schwachschicht zu Schneebrett. Der verfrachtete Schnee bildet auf dem liegen gebliebenen, kantigen Schnee eine ideale Schichtabfolge für eine Schneebrettlawine. Obwohl das Schneebrett hart ist, kann es leicht ausgelöst werden. Da sich die Schwachschicht und das Schneebrett im Verlauf der Zeit nicht wesentlich ändern, nimmt die Lawinengefahr auch nach ein bis zwei Tagen nicht markant ab. Es entsteht ein Altschneeproblem, wobei Lawinen vor allem an Stellen mit geringer Triebschneemächtigkeit ausgelöst werden können.

Gefahrenstellen sind in der Regel kleinräumig und wenig verbreitet. Die Lawinensituation ist oft günstig mit Ausnahme von wenigen gefährlichen Triebschneeansammlungen.

**KURZ UND KNAPP**

Bei der Verfrachtung von Altschnee entsteht oft trügerisch harter Triebschnee, der auf einer ungünstigen Unterlage zu liegen kommt.

**Typisches Vorkommen:**
- starker Wind über lockerer Altschneeoberfläche
- Windschattenlagen (z. B. Kammlagen, Rinnen und Mulden)
- unabhängig von der Exposition

**Eigenschaften:**
- oft harter Triebschnee
- kleinräumiges Vorkommen
- markante Änderung der Lawinensituation innerhalb von wenigen Metern

## Umgang mit Triebschneesituationen

Stellen mit frischem Triebschnee müssen erkannt und möglichst gemieden oder umgangen werden. Nach ein bis zwei Tagen findet in der Regel eine Stabilisierung statt, außer wenn unterhalb des Triebschnees ausgeprägte Schwachschichten vorhanden sind. Dann bleibt ein Altschneeproblem bestehen. Oft weisen Windspuren an der Schneeoberfläche oder das Gelände auf möglichen Triebschnee hin.

### HINWEISE ZUM TRIEBSCHNEEMUSTER

| | |
|---|---|
| **Dauer** | 1–2 Tage nach Triebschneebildung |
| **Mögliche Brüche in der Schneedecke** | am Übergang Triebschnee-Altschnee oder Triebschnee-Neuschnee oder tiefer unten in der Schneedecke |
| **Eigenschaften des Schneebrettes** | weich oder hart, vollständig gebunden, eher trocken |
| **Anzeichen** | Windzeichen (z.B. Dünen, Schneefegen, Windschweif, glatte Triebschneebäuche in Mulden), unregelmäßige Einsinktiefen |
| **Alarmzeichen** | v.a. frische Schneebrettlawinen, Rissbildung |
| **Typische Verbreitung** | in Windschattenlagen, auf kleinem Raum stark unterschiedlich |
| **Erkennbarkeit** | mittel |
| **Typische Gefahrenstufe** | mäßig, erheblich (z. T. gering) |
| **Anwendung der GRM** | wenig nützlich |

Akutes Triebschneeproblem. Stellen mit frischem Triebschnee sollten möglichst umgangen werden – oder man wählt Gelände unter 30 Grad Neigung.

Abgang einer Nassschneelawine: Bei Nassschneesituationen ändert sich die Lawinensituation innerhalb von Stunden.

## Nassschneesituation

Durch Regen oder Schneeschmelze werden die oberflächennahen Schichten feucht. Mit zunehmendem Wassergehalt fließt das Wasser tiefer in die Schneedecke hinein und staut sich allenfalls an markanten Schichtgrenzen. Dort kann es durch den lokal hohen Wassergehalt zu einem Festigkeitsverlust und letztlich zu einer Lawinenauslösung kommen (siehe Kap. Nassschneelawinen, S. 40). Nebst einer Anfeuchtung des Schnees verursacht Regen auch eine Zusatzlast auf die Schneedecke. Im Hochwinter und bei kalten Schneetemperaturen fließt das Regenwasser weniger schnell bis zu markanten Schichtgrenzen. Dann sind v. a. die Zusatzlast und die Veränderung des Schneebrettes durch Regen für die Bildung von Schneebrettlawinen ausschlaggebend (siehe Kap. Regen, S. 48).

Vor allem ein schwacher Schneedeckenaufbau kann bei zunehmender Durchnässung zu spontanen Lawinenabgängen führen. Die Gefahr nimmt aber auch schnell wieder ab, sobald der Wasserfluss aufhört und eine Abkühlung einsetzt (siehe Kap. Abkühlung nach Wärme, S. 93).

Nasse Frühlingslawinen, abgegangen aufgrund der tageszeitlichen Erwärmung und des schlechten Schneedeckenaufbaus.

## Frühlingssituation

Tageszeitliche Erwärmung und starke Sonneneinstrahlung führen zu oberflächlicher Schmelze und zum Eindringen von Wasser in die Schneedecke.

Die Gefahr hängt von Exposition, Neigung und Höhenlage sowie von der Jahres- bzw. Tageszeit ab. In der Regel beginnen Frühlingssituationen Anfang März an Südhängen oberhalb von rund 2000 Metern. Ab Anfang Mai sind dann meistens die Nordhänge betroffen.

Generell steigt im Frühling mit der tageszeitlichen Erwärmung die Lawinengefahr an. Durch die tageszeitliche Veränderung des Sonnenstands können zum Beispiel im April bereits am Vormittag Nordost- und Osthänge betroffen sein, während Westhänge bis in den Nachmittag hinein stabil bleiben.

In klaren Nächten kühlt sich die Schneedecke oberflächlich ab, gefriert und wird dadurch stabilisiert. Wir erkennen dies anhand von tragfähigem drei bis fünf Zentimeter mächtigem Harsch. Findet keine nächtliche Abstrahlung statt, nimmt die Lawinengefahr kaum ab oder steigt am nächsten Tag zumindest früh wieder an.

Frühlingssituationen sind relativ einfach zu erkennen. Wichtig ist dabei die Beurteilung der oberflächennahen Schneeschichten (Feuchtigkeit, Einsinktiefe, Krustendicke), der Ein- und Abstrahlungsverhältnisse sowie der Temperatur.

**KURZ UND KNAPP**

Die starke tageszeitliche Erwärmung im Frühling führt zu einem markanten Anstieg der Lawinengefahr. Aktivitäten abseits gesicherter Pisten sollten deshalb frühzeitig beendet werden.

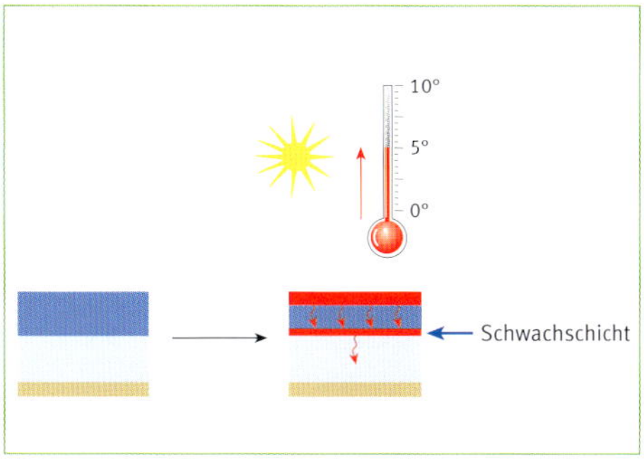


Bei starker Sonneneinstrahlung und relativ hohen Temperaturen steigt im Tagesverlauf die Lawinengefahr an.

**Typisches Vorkommen:**

- Bei starker Sonneneinstrahlung und Temperaturen deutlich über 0 °C: Typisch im Alpenraum, wenn die Nullgradgrenze über 2500 m liegt.
- In der Regel beginnen Frühlingssituationen Anfang März an Südhängen oberhalb von rund 2000 Metern. Ab Anfang Mai sind dann meistens Nordhänge betroffen.
- Unterschiedliche Expositionen und Höhenlagen (abhängig von der Jahres- und Tageszeit).
- Oft erfolgt die Auslösung in der Nähe von wärmenden Felsen oder durch eine Lockerschneelawine, die sich dort löst.

**Eigenschaften:**

- oberflächlich nasser Schnee
- oft große Einsinktiefen ohne Ski (knie- bis hüfttief)
- Die Lawinensituation kann sich innerhalb von Stunden verändern, ist jedoch einfach erkennbar, da sie primär vom Tagesgang abhängt.

## Tauwetter mit Regen

Durch Regen gelangen innerhalb kurzer Zeit große Wassermengen in die Schneedecke. Dadurch wird die Schneedecke einerseits angefeuchtet und andererseits

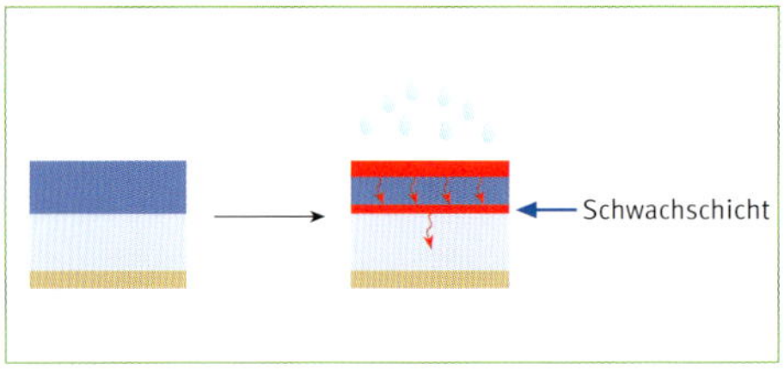


Regen führt allgemein zu einer schnellen und markanten Schwächung der Schneedecke.

zusätzlich belastet. Damit verbunden ist oft ein rascher und markanter Anstieg der Lawinengefahr (siehe Kap. Nassschneelawinen, S. 40). Regen bis in den Bereich der Waldgrenze oder sogar höher hinauf ist im Alpenraum im Winter jederzeit möglich. Besonders kritisch wird es, wenn Schneefall in Regen übergeht und/oder der Regen in eine hochwinterliche, bereits schwache Schneedecke fällt. Dann ist schon bald nach Beginn des Regens mit hoher spontaner Lawinenaktivität zu rechnen. Fällt Regen im Frühling in eine bereits nasse und gut gesetzte Schneedecke, erhöht dies die Lawinengefahr nur geringfügig.

**EXPERTENTIPP**

**Nassschneemuster**

› Je mehr Wasser in die Schneedecke fließt und je schwächer der Schneedeckenaufbau ist, umso heikler ist die Nassschneesituation.

› Regen erhöht die Lawinengefahr einerseits durch Schwächung der Schneedecke und andererseits durch seine Zusatzlast.

**Wichtige Fragen**, um Nassschneesituationen zu beurteilen:

› Regen oder oberflächliches Schmelzen?

› Wassermenge, welche in die Schneedecke fließt?

› Beschaffenheit der Schneedecke?

› Einsinktiefe ohne Skier?

Hohe Lawinenaktivität nach Regen auf eine trockene, aber schwache Schneedecke

Nach Niederschlagsende nimmt die Lawinengefahr meist rasch ab. Insbesondere wenn nach dem Regen eine Abkühlung erfolgt, führt dies zu einer deutlichen Stabilisierung der Schneedecke.

**Typisches Vorkommen:**

› bei Regen auf eine noch wenig durchnässte und schwache Schneedecke

› Tauwetter im Hochwinter mit Regen bis zur Waldgrenze (kommt in den meisten Alpenregionen ca. 2–3 Mal im Winter vor)

› oft im Frühling

› z. B. am westlichen Alpennordhang der Schweizer Alpen oft bei Westwindlagen, verbunden mit hoher Schneefallgrenze

› betrifft alle Expositionen

**KURZ UND KNAPP**

Regen führt zu einem schnellen und markanten Anstieg der Lawinengefahr. Insbesondere im Hochwinter ist bei Regen auf eine bereits schwache Schneedecke mit großer spontaner Lawinenaktivität zu rechnen.

## HINWEISE ZUM NASSSCHNEEMUSTER

| | |
|---|---|
| Dauer | während und einige Stunden nach der Wasserinfiltration |
| Mögliche Brüche in der Schneedecke | v.a. bei deutlichen Schichtübergängen und in schwachen Basisschichten |
| Eigenschaften des Schneebrettes | mehrheitlich weich und teilweise oder vollständig nass |
| Anzeichen | nasse Schneeoberfläche, große Einsinktiefen ohne Ski, intensive Sonneneinstrahlung, hohe Temperaturen, Regen |
| Alarmzeichen | v. a. spontane Schneebrett- und Lockerschneelawinen |
| Typische Verbreitung | unterschiedliche Expositionen und Höhenlagen (abhängig von Jahres- und Tageszeit) |
| Erkennbarkeit | einfach |
| Typische Gefahrenstufe | gering, mäßig, erheblich, groß |
| Anwendung der GRM | wenig nützlich |

**Eigenschaften:**

› oberflächlich nasser Schnee

› oft große Einsinktiefen ohne Skier (knie- bis hüfttief)

› Die Lawinensituation kann sich innerhalb von Stunden verändern, ist jedoch aufgrund des Regens einfach erkennbar.

### Umgang mit Nassschneesituationen

Während Nassschneesituationen sollten Steilhänge inkl. ihrer Auslaufbereiche möglichst gemieden werden. Es muss unter Umständen mit großen, spontanen Lawinen gerechnet werden. Bei Nassschneesituationen sollte eine Abkühlung abgewartet werden. In Frühlingssituationen sollten Aktivitäten abseits gesicherter Pisten frühzeitig beendet werden.

Sulzabfahrt am Vormittag. Mit der tageszeitlichen Erwärmung steigt die Lawinengefahr an.

## Altschneesituation

Wenn die Schneedecke seit einigen Tagen weder durch Niederschlag, Wind noch Schmelzprozesse verändert wurde, ist höchstwahrscheinlich der Aufbau der Schneedecke für die Lawinengefahr maßgebend. Altschneesituationen sind geprägt durch einen ungünstigen Schneedeckenaufbau mit mindestens einer langlebigen Schwachschicht, über der mindestens teilweise brettartiger Schnee liegt. Typischerweise entstehen solche ungünstigen Schneedecken, wenn sich kalte Trockenperioden mit kurzen Neuschneeperioden (< 50 cm Neuschnee) abwechseln. Besonders häufig ist dies in schneearmen und kalten Regionen oder kalten Wintern der Fall.

Außer durch sog. Wumm-Geräusche (siehe Kap. Alarmzeichen, S. 109), die aber nicht

Durch Skifahrer ausgelöste Schneebrettlawine, die in einer schwachen Basisschicht angebrochen ist. Das Anrissgebiet wurde weniger befahren, ist steiler und schattiger als das Gelände rechts davon.

immer vorkommen, sind Altschneesituationen nicht direkt erkennbar. Die einzige Möglichkeit, etwas Licht ins Dunkle zu bringen, ist, sich aktiv mit dem Schneedeckenaufbau auseinanderzusetzen, z. B. durch ständiges Verfolgen des Winterverlaufs oder durch einfache Schneedeckenuntersuchungen (siehe Kap. Schneedeckenaufbau und Schneedeckentests, S. 117).

Schwachschichten bei Altschneesituationen bestehen vor allem aus großkörnigen, kantig aufgebauten weichen Schichten oder aus dünnen Schichten mit eingeschneitem Oberflächenreif.

Altschneesituationen können heimtückisch sein, da sie teilweise schwierig zu erkennen und oft lokal unterschiedlich stark ausgeprägt sind. Die Lawinengefahr liegt typischerweise im Bereich zwischen mäßig (Stufe 2) und erheblich (Stufe 3). Es können durchaus große und mächtige Lawinen ausgelöst werden. Fernauslösungen sind bei Altschneesituationen typisch und sogar bei mäßiger Lawinengefahr (Stufe 2) möglich.

## Eingeschneite, aufgebaute Schwachschichten

Während langer Kälteperioden kann aufgrund des großen Temperaturunterschieds in den oberflächennahen Schneeschichten kohäsionsloser, kantig aufgebauter Schnee entstehen. Bei geringer Schneehöhe wird sogar die ganze Schneedecke aufgebaut. Im Extremfall entsteht Schwimmschnee. Solcherart aufgebaute Schichten sind meist mehrere Zentimeter bis Dezimeter mächtig.

**KURZ UND KNAPP**

Lang anhaltende Altschneeprobleme entstehen oft bei geringer Schneehöhe, wenn lange, kalte (um −10 °C) Trockenperioden sich mit gelegentlichen Schneefällen (rund 30 cm) abwechseln.

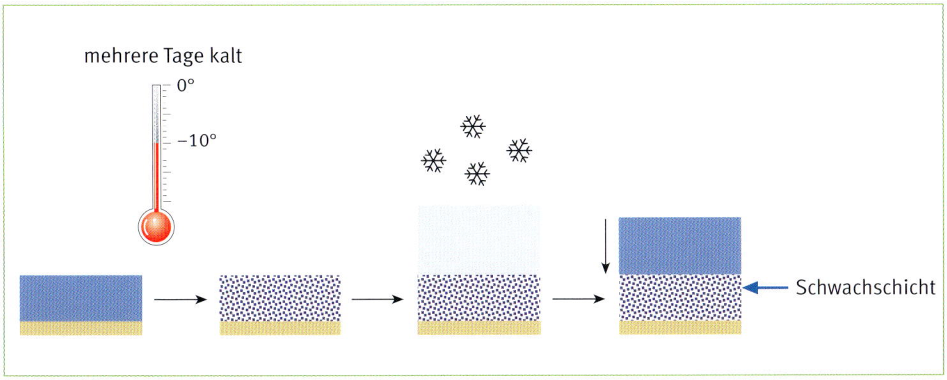


Lange und kalte Trockenperioden führen nach einem Schneefall oft zu Altschneeproblemen.

Wenn sie eingeschneit werden, bildet der Neuschnee eine Schicht, die leicht als Schneebrett abgleiten kann (siehe Kap. Neuschnee auf ungünstige Altschneeoberfläche, S. 72). Auch nach der Setzung des Neuschnees ändert sich die Schwachschicht kaum. Die ungünstige Kombination Schwachschicht – Schneebrett kann daher lange bestehen bleiben.

Werden bodennahe Schwachschichten durch ein mächtiges Schneebrett überlagert, sind Schneebrettlawinen nur noch an wenigen schneearmen Stellen durch Wintersportler auslösbar. Sobald jedoch eine Auslösung erfolgt, ist eine großflächige Bruchausbreitung wahrscheinlich. Es können sich unter Umständen große und mächtige Schneebrettlawinen bilden.
Der Schneedeckenaufbau bleibt oft bis zum Frühling ungünstig und wird dann bei zunehmender Durchfeuchtung sogar wieder kritischer. Das schwache Schneedeckenfundament (Schwimmschnee) ist anhand möglicher Wumm-Geräusche oder mithilfe von einfachen Schneedeckentests oft erkennbar (z. B. Stocktest oder Einsinken zu Fuß, siehe Kap. Schneedeckenaufbau und Schneedeckentests, S. 117).

**Typisches Vorkommen:**

- schneearme Winter oder schneearme Regionen
- lange und kalte Trockenperioden (typisches Januarhoch), gefolgt von Niederschlägen im Februar oder März
- typischerweise in Schattenhängen
- während des ganzen Winters möglich

Schwaches Schneedeckenfundament aus einer kalten, trockenen Frühwinterperiode, überlagert von einem idealen Schneebrett

**Eigenschaften:**
- Oft lang anhaltendes Lawinenproblem
- fördert im Frühling das Nassschneeproblem
- kaum spontane Lawinenauslösungen, Auslösung am ehesten durch Schneesportler an schneearmen Stellen
- kaum direkt erkennbar
- mithilfe einfacher Schneedeckentests jedoch oft feststellbar

## Eingeschneiter Oberflächenreif

Oberflächenreif entsteht in klaren, windstillen und relativ feuchten Winternächten (siehe Kap. Strahlung, S. 56). Wenn er eingeschneit wird, bildet er eine Schwachschicht, die über Wochen bestehen bleiben kann. Im Gegensatz zu einer Schwimmschnee-Schwachschicht ist diese aber sehr dünn, d. h. typischerweise nur ca. 3 bis 15 Millimeter mächtig. Trotzdem besteht auch bei eingeschneitem Oberflächenreif eine ungünstige Kombination Schwachschicht – Schneebrett. Eingeschneiter Oberflächenreif ist allerdings etwas weniger langlebig als Schwimmschnee und bildet im Alpen-

Altschneesituationen mit eingeschneitem Oberflächenreif sind heimtückisch und am schwierigsten zu erkennen.

**EXPERTENTIPP**

### Altschneemuster
- Große Schneehöhen sind günstiger als geringe Schneehöhen.
- Mächtige und ähnliche Schichten sind günstiger als unterschiedliche Schichten.
- Harte Schichten auf weichen Schichten sind ungünstiger als weiche auf harten.
- Die Schneeoberfläche von heute ist möglicherweise die Schwachschicht von morgen.

**Wichtige Fragen,** um Altschneesituationen zu beurteilen:
- Kombination Schneebrett – Schwachschicht?
- Schwachschichten im obersten Meter der Schneedecke?
- Verbreitung des Schneedeckenaufbaus?
- Schneedeckeninfos? Schneedeckentests?

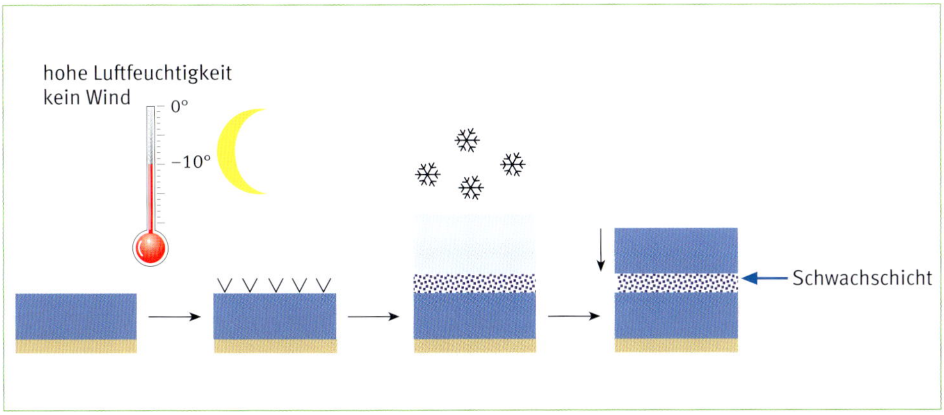


Oberflächenreif, der eingeschneit wird, kann einen bis dahin günstigen Schneedeckenaufbau über längere Zeit verschlechtern.

raum nach ca. vier bis sechs Wochen meistens kaum mehr eine Schwachschicht.

Im Gegensatz zu mächtigen, kantig aufgebauten Schwachschichten sind Situationen mit eingeschneitem Oberflächenreif schwierig zu erkennen. Am hilfreichsten ist es, vor dem nächsten Schneefall die Altschneeoberfläche zu beurteilen oder nach dem Schneefall Schneedeckenstabilitätstests durchzuführen (z. B. ECT, siehe Kap. Schneedeckenaufbau und Schneedeckentests, S. 117). Die Aussagekraft solcher Analysen ist jedoch beschränkt, da die Verbreitung von Oberflächenreif sehr unterschiedlich sein kann. Oberflächenreif ist anfangs zwar oft verbreitet vorhanden. Im Zeitraum bis zum nächsten Schneefall wird er jedoch durch verschiedene Einflüsse (z. B. Wind oder Sonnenstrahlung) häufig ungleichmäßig zerstört, sodass er in gewissen Hängen vorhanden ist, in anderen aber nicht. Generell ist er eher in kammfernen Schattenhängen und in Kaltluftseen anzutreffen als in Kammlagen oder Gipfelbereichen. Der Bereich von Hochnebelgrenzen ist ebenfalls für die Bildung von Oberflächenreif geeignet.

**KURZ UND KNAPP**

Ein über Nacht entstandener Oberflächenreif, der kurz darauf eingeschneit wird, kann über Wochen ein heimtückisches Lawinenproblem darstellen.

**Typisches Vorkommen:**
- während des ganzen Winters möglich
- in Windschattenhängen, Kaltluftseen, im Bereich von Nebelgrenzen
- typischerweise in Schattenhängen
- Je mehr Zeit zwischen der Bildung und dem Einschneien des Oberflächenreifs verstreicht, umso unregelmäßiger ist sein Vorkommen.

**Eigenschaften:**
- verursacht oft ein lang anhaltendes Lawinenproblem
- Fernauslösungen und anfänglich auch spontane Lawinenauslösungen möglich
- schwierig zu erkennen

Bei Altschneeproblemen ist defensives Verhalten angebracht.

## Umgang mit Altschneesituationen

Generell ist bei Altschneeproblemen defensives Verhalten angebracht. Da große Lawinen entstehen können, sind großflächige und sehr steile Hänge zu meiden. Zusätzlich kann in gewissen Situationen durch das Umgehen von schneearmen Stellen die Auslösewahrscheinlichkeit verringert werden. Eingeschneiter Oberflächenreif ist das am schwierigsten zu erkennende Altschneemuster. Um unklare Altschneesituationen besser beurteilen zu können, hilft letztlich nur die Auseinandersetzung mit der Schneedecke. Dabei ist es nützlich, an geeigneten Stellen verschiedene einfache Schneedeckenuntersuchungen durchzuführen (s. Kap. Schneedeckenaufbau und Schneedeckentests, S.117).

### HINWEISE ZUM ALTSCHNEEMUSTER

| | |
|---|---|
| **Dauer** | Wochen bis Monate und manchmal über den ganzen Winter |
| **Mögliche Brüche in der Schneedecke** | in kantig stark aufgebauten Schichten oder in eingeschneitem Oberflächenreif |
| **Eigenschaften des Schneebrettes** | unterschiedliche Kombinationen hart und weich möglich |
| **Anzeichen** | ungünstiger Schneedeckenaufbau |
| **Alarmzeichen** | evtl. Wumm-Geräusche |
| **Typische Verbreitung** | schneearme Stellen / Regionen, Nordhänge, felsdurchsetztes Gelände |
| **Erkennbarkeit** | von außen schwierig, mit einfachen Tests u.U. möglich |
| **Typische Gefahrenstufe** | mäßig, erheblich |
| **Anwendung der GRM** | defensiv anwenden |

Nur bei eindeutig günstiger Lawinensituation (geringe Unsicherheit) sollte ungünstiges Gelände befahren werden.

## Günstige Situationen

Über einen ganzen Winter betrachtet sind Lawinenabgänge zum Glück relativ selten. Wir müssen uns deshalb nicht ständig auf Schritt und Tritt vor Lawinen und deren Konsequenzen fürchten. Die vier Muster der typischen Lawinensituationen helfen uns, ungünstige Hänge oder Hangbereiche zu meiden. Falls keine typischen Merkmale dieser Muster zu erkennen sind, können wir den Spieß umdrehen und uns fragen: **Ist die Lawinensituation heute günstig?** Und wenn ja: Wo ist die Lawinensituation besonders günstig? Nur wenn eindeutige Anzeichen für eine günstige Lawinensituation vorhanden sind, ist es ratsam, große und sehr steile bis extrem steile Hänge zu begehen.

### Gesetzter Großschneefall

Neuschnee von mehr als einem Meter führt immer zu einem offensichtlichen Anstieg der Lawinengefahr (Neuschneemuster). Nach einigen Tagen setzt sich der Neuschnee und bildet eine mächtige und gut verfestigte Schicht. Je mächtiger diese gesetzte Schicht ist, desto unwahrscheinlicher wird es, als Wintersportler allfällige Schwachschichten weiter unten auszulösen. Wenn unterhalb des gesetzten Neuschnees keine ausgeprägte Schwachschicht liegt (z. B. Schwimmschnee), entsteht eine günstige Situation. Nach einer bedeutenden Niederschlagsperiode wird die Situation also dort am schnellsten günstig, wo am meisten Schnee gefallen ist. Nach einer anhaltenden Nordweststaulage im Schweizer Alpenraum ist dies z. B. oft am Alpennordhang der Fall, oder je nach Druckverteilung auch in Tirol oder in Bayern.

**Typisches Vorkommen:**

- schneereiche Winter oder schneereiche Regionen
- gesetzter Neuschnee von mehr als 1 m
- überall, wo viel Schnee liegt

**KURZ UND KNAPP**

Je größer die Neuschneemengen, desto günstiger entwickelt sich die Lawinensituation langfristig.

Mächtig eingeschneite Felsen: Solche »sahneartig« überdeckten Felsen deuten auf viel Schnee hin.

**Hinweise:**
Gesetzte große Neuschneemengen sind oft vom Wind beeinflusst und daher nicht überall gleich mächtig. In solchen Fällen sind schneearme Stellen besonders anfällig für Lawinenauslösungen. Bei sehr ungünstigen Schwachschichten entspricht diese Situation unter Umständen eher einem Altschneemuster.

## Mächtiger alter Triebschnee

Nach Perioden, in denen durch Sturmwinde große Schneeumlagerungen stattgefunden haben, liegen in Windschattenlagen oft mächtige, alte Triebschneeansammlungen. Da dieser alte und verfestigte Triebschnee sehr mächtig ist, haben solche Geländeteile oft einen relativ günstigen Schneedeckenaufbau. Lawinen sind dort kaum aus-

Kein hohes Risiko: Der Sprung erfolgt in drei Wochen alten, mächtigen Triebschnee hinein.

**KURZ UND KNAPP**

Mächtiger und alter Triebschnee (verbreitet mehr als 1 m) ist oft günstig. Vorsicht in Randbereichen!

lösbar. Solche Ansammlungen sind jedoch im Gelände typischerweise unregelmäßig verteilt und haben unterschiedliche Mächtigkeiten. Im **Randbereich** von alten Triebschneeansammlungen ist die Mächtigkeit geringer, wodurch Wintersportler dort einen größeren Einfluss auf potenzielle Schwachschichten haben.

**Typisches Vorkommen:**

› vor allem in Mulden und Kammlagen mit mächtigem, altem Triebschnee

› alte Triebschneeansammlungen verbreitet über 1 m mächtig

› keine ausgeprägten Schwachschichten (z. B. Schwimmschnee) unter dem Triebschnee

**Hinweise:**

Wenn unter altem, mächtigem Triebschnee eine ausgeprägte Schwachschicht liegt, können in Randzonen des alten Triebschnees z. T. mächtige Lawinen ausgelöst werden. Die Situation entspricht dann eher einem Altschneeproblem.

## Abkühlung nach Wärme

Wenn die oberflächennahen Schneeschichten durch eine markante Erwärmung auf ungefähr 0 °C erwärmt werden und danach eine Abkühlung erfolgt, entsteht eine günstige Lawinensituation (siehe Kap. Lufttemperatur, S. 53). Besonders ausgeprägt ist dieser Effekt dann, wenn zusätzlich Regen fällt, der die Schneedecke gleichmäßig an-

Abkühlung nach einer markanten Erwärmung führt zu einer Stabilisierung der Schneedecke.

feuchtet und nach der Abkühlung gleichmäßig stabilisiert.

**Typisches Vorkommen:**

› Abkühlung nach Regen

› Morgenstunden im Frühling

› tragfähige Schmelzharschkruste

› Sonnenhänge und tiefere Lagen

**Hinweise:**

Je näher die Schneetemperatur vor der Abkühlung bei 0 °C liegt, desto stabiler wird die Schneedecke danach. Sind allerdings ausgeprägte Schwachschichten in den obersten 50 Zentimetern vorhanden, können unter Umständen trotzdem Lawinen

**KURZ UND KNAPP**

Abkühlung nach einer markanten Erwärmung führt zu einer Stabilisierung der Schneedecke.

ausgelöst werden, sogar wenn ein Harschdeckel vorhanden ist.
Fällt während der Abkühlung zusätzlich Schnee, kann eine Neuschneesituation entstehen (großer Temperaturunterschied Neu-/Altschnee).

## Günstige Kombination Schneebrett-/ Schwachschicht

Erinnern wir uns an die Bedingungen für eine Schneebrettlawine (siehe Kap. Notwendige Bedingungen für eine Schneebrettlawine, S. 37): Dazu ist eine Schwachschicht mit einer brettartigen Schicht darüber nötig. Ist die Situation umgekehrt, d. h. liegt eine Schwachschicht auf einem Brett, so kann sich keine Schneebrettlawine bilden. Dies ist z. B. der Fall, wenn lockerer, aufgebauter Schnee auf einer stabilen Schneedecke liegt, oder wenn die gesamte Schneedecke locker aufgebaut ist und sozusagen nur aus einer Schwachschicht besteht. Ebenfalls günstig ist es, wenn in der Schneedecke nur ähnliche brettartige und verfestigte Schichten vorkommen (z. B. mächtige ähnliche Schichten in einer schneereichen Region).

Der Gleitschneeriss (»Fischmaul«) ist ein Indiz dafür, dass die Schneedecke aus relativ ähnlichen brettartigen Schichten besteht.

**Typisches Vorkommen:**

› wenn die gesamte Schneedecke aufgebaut ist (typ. im Frühwinter und in schneearmen Regionen, z. B. kalter, trockener Januar)
› bei ähnlichen und verfestigten Schichten in der Schneedecke (z. B. erster Schnee auf dem Boden oder Schichten aus mehreren größeren Schneefällen ohne lange Trockenperiode dazwischen)
› lockerer Neuschnee auf stabiler Schneedecke

**Hinweise:**

Wenn die günstige Situation darin besteht, dass eine lockere Schwachschicht auf einer brettartigen Schicht liegt, ist der lockere Schnee durch aufkommenden Wind leicht verfrachtbar. Die Lawinensituation kann sich dann sehr schnell ändern, weil auslösefreudiger Triebschnee auf einer lockeren Schwachschicht zu liegen kommt. Auf diese Weise entsteht ein Triebschneemuster (Verfrachtung von Altschnee), das typischerweise nur kleinräumig ausgeprägt ist.

**KURZ UND KNAPP**

Eine günstige Situation besteht, wenn:
› die Schneedecke nur aus ähnlichen, gut verfestigten (brettartigen) Schichten besteht,
› die gesamte Schneedecke aufgebaut ist oder
› eine schwache Schicht auf einer stabilen Schneedecke liegt.

## Zusammenfassung

Die Abbildung unten zeigt eine Zusammenfassung der Muster typischer Lawinensituationen und günstiger Situationen. Es können auch mehrere Muster gemeinsam vorkommen. Die verschiedenen Situationen (Muster) kommen nicht in allen Höhenlagen und Expositionen gleich häufig vor. Der schematische Berg zeigt, wo welche Muster typischerweise anzutreffen sind. Er ist für Regionen gedacht mit Gipfeln die höher als 2500 Meter sind. Vor allem in den mittleren Höhenstufen ist die Vielfalt der Muster von typischen Lawinensituationen und günstigen Situationen am größten.

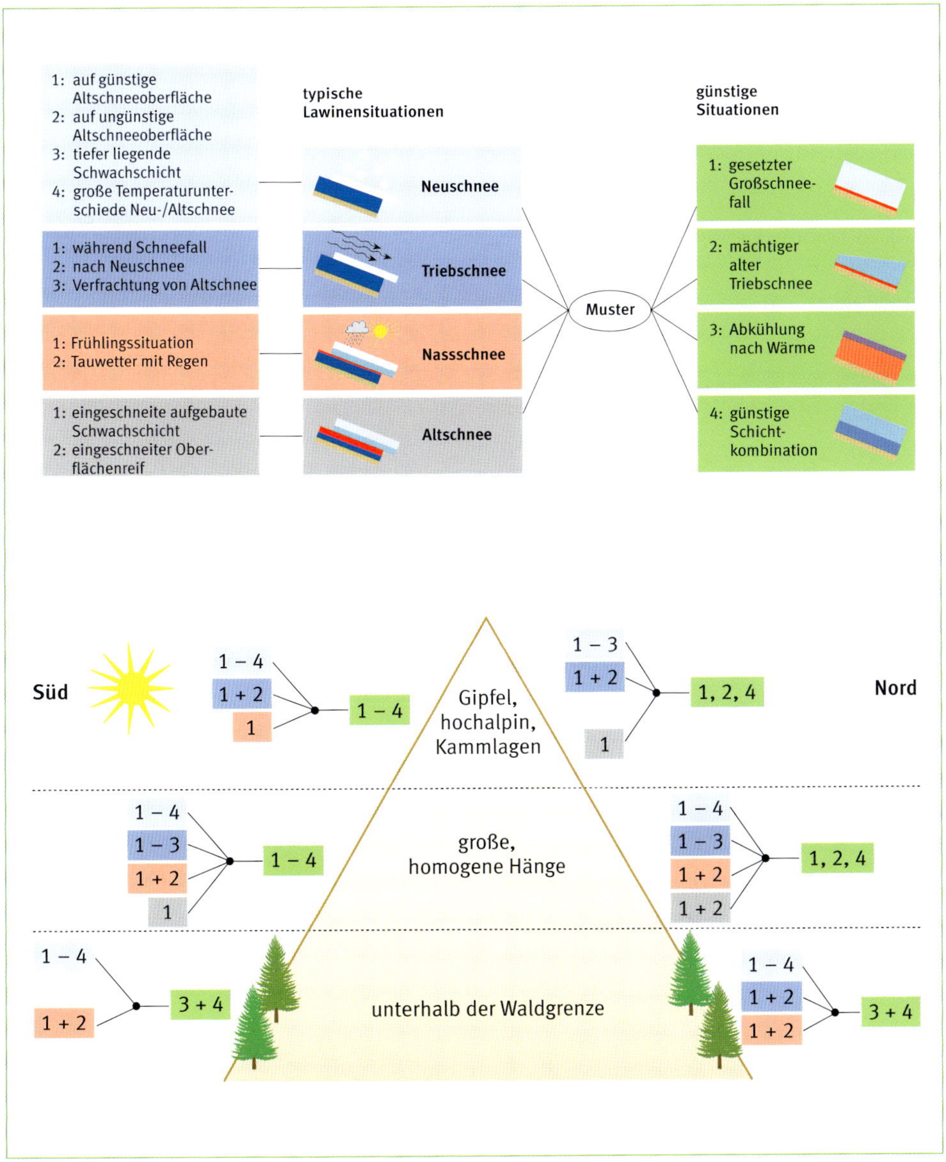


Zusammenfassung der Muster typischer Lawinensituationen und günstiger Situationen

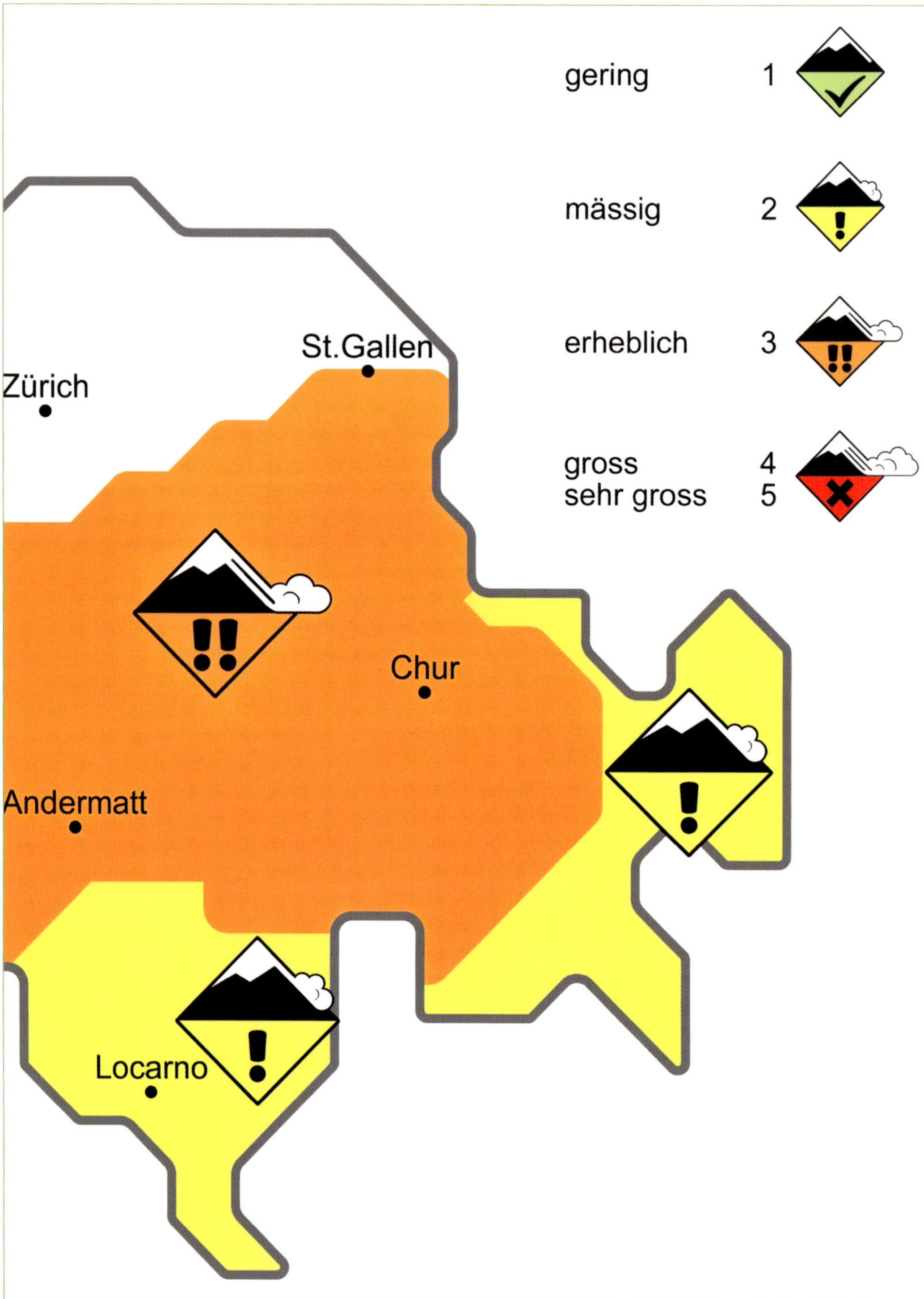
gering 1
mässig 2
erheblich 3
gross 4
sehr gross 5
St.Gallen
Zürich
Chur
Andermatt
Locarno

# P Gefahrenstufen und Lawinenlagebericht

Die Lawinengefahrenstufe beschreibt, wie hoch die Lawinengefahr in einer bestimmten Region eingeschätzt wird; es handelt sich um eine Prognose, die auch einmal falsch sein kann. Die Einschätzung der Gefahrenstufe ist der zentrale Teil des Lawinenbulletins oder Lawinenlageberichts. In der Schweiz, in Frankreich und Italien (mehrheitlich) spricht man vom Lawinenbulletin, in Deutschland, Österreich und auch in Südtirol vom Lawinenlagebericht. Der Einfachheit halber sprechen wir im Weiteren vom Lawinenlagebericht.

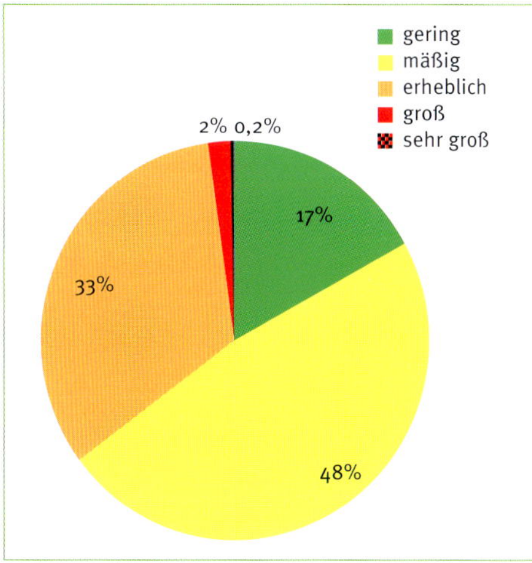


Verteilung (in %) der prognostizierten Gefahrenstufe im Lawinenlagebericht für die Schweizer Alpen in den Wintern 1997/1998 bis 2009/2010 (13 Jahre)

## Europäische Lawinengefahrenstufenskala

Seit 1993 existieren in Europa fünf einheitlich verwendete Gefahrenstufen: **gering** (1) – **mäßig** (2) – **erheblich** (3) – **groß** (4) – **sehr groß** (5). Der Grad der Lawinengefahr ist abhängig von:

- der Schneedeckenstabilität,
- der Auslösewahrscheinlichkeit (spontan, geringe Zusatzlast, große Zusatzlast),
- der Verbreitung der Gefahrenstellen und
- der Größe und Art der Lawinen (v. a. Fläche und Mächtigkeit der abgleitenden Schneeschichten).

Mit abnehmender Schneedeckenstabilität und somit erhöhter Auslösewahrscheinlichkeit für Lawinen steigt die Gefahrenstufe an. Gleichzeitig nehmen die Verbreitung der Gefahrenstellen und die Lawinengröße zu. Somit nimmt die Gefahr von Stufe zu Stufe nicht linear, sondern überproportional zu.

Die Lawinengefahrenstufe umschreibt also die Eintretenswahrscheinlichkeit von Lawinen und deren mögliches Ausmaß in einer Region – und nicht für einen Einzelhang. Die Lawinengefahr kann deshalb innerhalb einer Region für einzelne Hänge, selbst für solche mit ähnlichen Eigenschaften, unterschiedlich hoch sein. Aufgrund der Vielfalt möglicher Lawinensituationen und der Unschärfe der einzelnen Gefahrenstufen kann die Lawinengefahr trotz gleicher Gefahrenstufe unterschiedlich ausgeprägt sein.

Beispiel zweier unterschiedlicher Situationen mit mäßiger Lawinengefahr:

- Es ist nur an sehr wenigen Stellen in Nordhängen ein schwacher Schneedeckenaufbau vorhanden und eine Lawinenauslösung ist eher wenig wahrscheinlich. Eine allfällige Auslösung hätte jedoch Schneebrettlawinen beachtlicher Größe zur Folge.

## EXPERTENTIPP

Bei den Gefahrenstufen **erheblich, groß** und **sehr groß** (Stufen 3–5) nimmt die Stabilität der Schneedecke markant ab und die Anzahl der Gefahrenstellen nimmt zu. Weiter reicht für die Auslösung von Schneebrettlawinen eine geringe Zusatzlast, und es sind mehr und größere Lawinen zu erwarten.
In gut 95 % der Wintertage herrschen die Gefahrenstufen **gering, mäßig** oder **erheblich** – in rund 80 % **erheblich** oder **mäßig**. Für Wintersportler ist bereits die Gefahrenstufe 3 (erheblich) kritisch. Sie kommt im Mittel an jedem dritten Wintertag vor.

## KURZ UND KNAPP

Die Lawinengefahrenstufe umschreibt die Lawinengefahr in einer Region und nicht für den Einzelhang.
Je höher die Gefahrenstufe
- desto instabiler ist die Schneedecke,
- desto mehr Gefahrenstellen sind vorhanden,
- desto geringer ist die benötigte Zusatzbelastung für eine Auslösung,
- desto mehr und größere Lawinen sind zu erwarten.

- Es entstanden mit 10 cm Neuschnee und Wind kleinere, aber leicht auszulösende Triebschneeansammlungen. Die abgleitenden Lawinen sind jedoch eher klein.

Die Ausprägung der mäßigen Lawinengefahr ist in den beiden Beispielen sehr unterschiedlich. Im ersten Fall handelt es sich um ein Altschnee-, im zweiten Fall um ein Triebschneeproblem.

Nebst den europäisch einheitlichen Hinweisen über die Schneedeckenstabilität und die Lawinenauslösewahrscheinlichkeit zu den Gefahrenstufen sind in der Tabelle (nächste Doppelseite) auch für jede Gefahrenstufe typische Muster von Lawinensituationen beschrieben (analog zu Kap. Typische Lawinensituationen – die vier Muster, S. 69). Ergänzt wird diese Tabelle noch durch weitere Merkmale und Empfehlungen, die länderspezifisch unterschiedlich sein können.

Im Folgenden finden sich noch einige ergänzende Hinweise zur Tabelle mit den Gefahrenstufen.

### Gering (Stufe 1)

Die zu erwartenden Lawinen sind eher klein. Daher ist die Mitreiß- und Absturzgefahr oft größer als die Gefahr einer Verschüttung.

Vorsicht bei kleineren Triebschneeansammlungen, die sich lokal bei Verfrachtung von lockerem, aufbauend umgewandeltem Schnee bilden können. Diese können schon in einem Gelände mit wenig mehr als 30 Grad Neigung ausgelöst werden und in exponiertem Gelände mit Absturzgefahr verheerende Folgen haben.

Im Frühling kann eine geringe Lawinengefahr in den Morgenstunden mit der tageszeitlichen Erwärmung am Nachmittag gegen oder sogar über Stufe 3 (erheblich) ansteigen.

### Mäßig (Stufe 2)

Eine mäßige Lawinengefahr kann unterschiedlich ausgeprägt sein. So kann z. B. die Gefahr darin bestehen, dass relativ tief unten in der Schneedecke noch eine Schwachschicht vorhanden ist, in der zwar nur an wenigen Orten ein Bruch initiiert werden kann, aber aufgrund der guten Bruchfortpflanzung mittlere oder im Einzelfall sogar große Lawinen entstehen

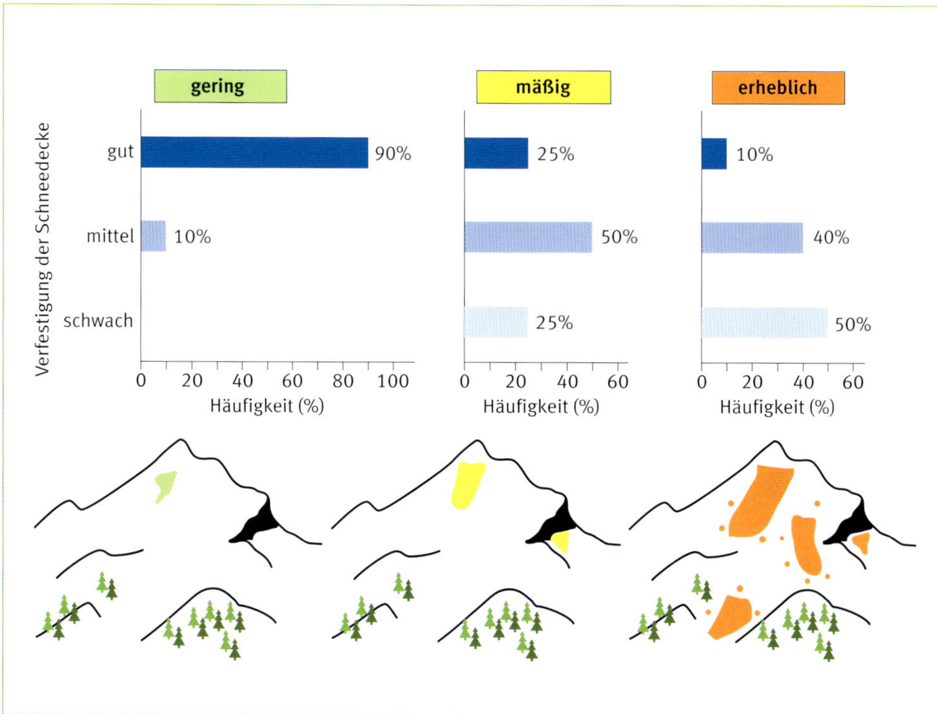


Allgemeine Schneedeckenstabilität und Verbreitung der Gefahrenstellen bei den Gefahrenstufen 1: gering, 2: mäßig und 3: erheblich, welche gut 95 % der Wintertage abdecken.

können. Eine mäßige Lawinengefahr kann aber auch aufgrund von frischem Triebschnee bestehen, der zwar auslösefreudig, aber nur geringmächtig ist. Spontan treten Lawinen bei mäßiger Lawinengefahr vor allem als Nassschneelawinen auf, die vereinzelt mittlere Ausmaße annehmen können.

### Erheblich (Stufe 3)

Die Gefahrenstufe erheblich deckt ein weites Spektrum an Situationen ab. Sie kann auf der einen Seite so hoch sein, dass an vielen Steilhängen eine Lawinenauslösung (vereinzelt auch spontan) möglich ist. Solche Situationen sind dann wegen der **Alarmzeichen** einfach zu erkennen. Andererseits können Instabilitäten auch ohne wahrnehmbare Alarmzeichen in der Schneedecke vorkommen. Die sog. **kritische Neuschneemenge** (siehe Kap. Kritische Neuschneemenge, S. 111) und verbreitet frischer Triebschnee sind weitere Merkmale, die auf eine erhebliche Lawinengefahr hinweisen können. Bei erheblicher Lawinengefahr können auch Fernauslösungen auftreten. Deshalb sind je nach Situation auch flache Bereiche am Hangfuß kritisch zu beurteilen und allenfalls zu meiden. Am unteren Rand der Stufe erheblich (nahe der Grenze zur Gefahrenstufe mäßig) ist der Bewegungsspielraum im Gelände markant größer als am oberen Rand (nahe der Grenze zur Gefahrenstufe groß).

Aufgrund der »Breite« der Gefahrenstufe und der damit verbundenen Vielfalt möglicher Lawinensituationen ist bei der

## LAWINENGEFAHRENSKALA

| Gefahrenstufe | Icon | Schneedeckenstabiliät | Lawinen-Auslösewahrscheinlichkeit | Typisch |
|---|---|---|---|---|
| 5<br>**SEHR GROSS**<br>très fort<br>molto forte<br>very high |  | Die Schneedecke ist allgemein schwach verfestigt und weitgehend instabil. | Spontan sind viele große, mehrfach auch sehr große Lawinen, auch in mäßig steilem Gelände zu erwarten. | - Neusc<br>- Triebs<br>- Nasss<br><br>Alle m<br>Muste |
| 4<br>**GROSS**<br>fort<br>forte<br>high |  | Die Schneedecke ist an den meisten Steilhängen schwach verfestigt. | Lawinenauslösung ist bereits bei geringer Zusatzbelastung an zahlreichen Steilhängen wahrscheinlich. Fallweise sind spontan viele mittlere, mehrfach auch große Lawinen zu erwarten. | - Neusc<br>- Triebs<br>- Nasss<br><br>Alle m<br>Muste |
| 3<br>**ERHEBLICH**<br>marqué<br>marcato<br>considerable |  | Die Schneedecke ist an vielen Steilhängen nur mäßig bis schwach verfestigt. | Lawinenauslösung ist bereits bei geringer Zusatzbelastung vor allem an den angegebenen Steilhängen möglich. Fallweise sind spontan einige mittlere, vereinzelt aber auch große Lawinen möglich. | Alle Mu<br>- Neusc<br>- Triebs<br>- Altsch<br>Schwa<br>- Nasss |
| 2<br>**MÄSSIG**<br>limité<br>moderato<br>moderate |  | Die Schneedecke ist an einigen Steilhängen nur mäßig verfestigt, ansonsten allgemein gut verfestigt. | Lawinenauslösung ist insbesondere bei großer Zusatzbelastung, vor allem an den angegebenen Steilhängen möglich. Große spontane Lawinen sind nicht zu erwarten. | - oft Alt<br>- oft Tri<br>- Neusc<br>oberfl<br>- Nasss |
| 1<br>**GERING**<br>faible<br>debole<br>low |  | Die Schneedecke ist allgemein gut verfestigt und stabil. | Lawinenauslösung ist allgemein nur bei großer Zusatzbelastung an vereinzelten Stellen im extremen Steilgelände möglich. Spontan sind nur Rutsche und kleine Lawinen möglich. | - Nasss<br>- Triebs<br>Altsch |

**Hinweis zur Tabelle**: die ersten 2 Spalten Schneedeckenstabilität und Lawinen-Auslösewahrscheinlichkeit sind europäisch

**Zusatzbelastung:**
- groß: z.B. Skifahrergruppe ohne Abstände, Pistenfahrzeug, Lawinensprengung
- gering: z.B. einzelner Skifahrer, Snowboarder oder Schneeschuhgeher

**Exposition:**
Himmelsrichtung, in die ein Hang abfällt

| | Merkmale, Empfehlungen und Hinweise |
|---|---|
| ıationen)<br>hrend Schneefall)<br>ıwetter mit Regen)<br><br>niert mit Altschnee- | **Sehr ungünstige Verhältnisse – Katastrophensituation**<br>Zum Teil sehr große Tallawinen, Ortsteile gefährdet<br>Verzicht empfohlen<br>Wird sehr selten prognostiziert |
| ıationen)<br>hrend Schneefall)<br>ıwetter mit Regen)<br><br>niert mit Altschnee- | **Ungünstige Verhältnisse – akute Situation**<br>Alarmzeichen sind häufig. Die Auslösewahrscheinlichkeit für Lawinen ist hoch.<br>Viel Erfahrung in der Lawinenbeurteilung erforderlich. Möglicherweise auch Verkehrswege gefährdet. Beschränkung auf mäßig steiles Gelände; Lawinenauslaufbereiche beachten. Fernauslösungen auch über große Distanzen sind typisch.<br>Für wenige Tage des Winters prognostiziert: etwa 12% der Todesopfer auf Touren und Varianten. |
| vor, am häufigsten:<br>ıationen)<br>uationen)<br>əschneite, aufgebaute<br><br>ıwetter mit Regen) | **Teilweise ungünstige Verhältnisse – kritische Situation**<br>Alarmzeichen sind typisch, aber nicht immer vorhanden. Häufig ist die kritische Neuschneemenge erreicht, und/oder es sind verbreitet frische Triebschneeansammlungen vorhanden.<br>Erfahrung in der Lawinenbeurteilung ist erforderlich; Unerfahrene bleiben besser auf der Piste; optimale Routenwahl ist nötig. Sehr steile Hänge der angegebenen Exposition und Höhenlage meiden. Gefahr von Fernauslösungen beachten. Vorsicht bei Abfahrten in unbekanntem Gelände (z.B. bei Überschreitungen).<br>Für ca. 30 % des Winters prognostiziert. Für Wintersportler heikelste Gefahrenstufe: etwa 47 % der Todesopfer auf Touren und Varianten. |
| ituationen)<br>Situationen)<br>günstiger Altschnee<br><br>hlingssituation) | **Mehrheitlich günstige Verhältnisse**<br>Alarmzeichen können vereinzelt auftreten. Frische Triebschneeansammlungen sind meist nur gering oder kleinräumig vorhanden. Einfache Schneedeckentests können bei der Beurteilung der Lawinengefahr weiterhelfen (Altschnee-Muster).<br>Vorsichtige Routenwahl, vor allem an Steilhängen der angegebenen Exposition und Höhenlage. Frische Triebschneeansammlungen meiden. Vorsicht bei ungünstigem Schneedeckenaufbau. Sehr steile Hänge vorsichtig und einzeln befahren.<br>Für ca. 50 % des Winters prognostiziert; etwa 34 % der Todesopfer auf Touren und Varianten. |
| hlingssituation)<br>frachtung von | **Allgemein günstige Verhältnisse**<br>Es sind weder Alarmzeichen feststellbar, noch ist die kritische Neuschneemenge erreicht. Die Schneedecke ist oft entweder gut verfestigt oder vollständig kohäsionslos und locker (z.B. schneearme Frühwintersituation).<br>Extrem steile Hänge einzeln befahren. Frische Triebschneeansammlungen in den extremsten Hangpartien möglichst meiden. Absturzgefahr beachten. Vorsicht, evtl. ungünstigere Verhältnisse im Hochgebirge.<br>Für ca. 20 % des Winters prognostiziert; etwa 7 % der Todesopfer auf Touren und Varianten. |

.t.

**Hangneigungsklassen:**
- mäßig steil: Hänge flacher als rund 30 Grad
- Steilhänge: Hänge steiler als rund 30 Grad
- sehr steil: Hänge steiler als 35 Grad
- extremes Steilgelände: besonders ungünstig bezüglich Neigung (>40 Grad), Geländeform, Kammnähe

Gefahrenstufe 3 (erheblich) Erfahrung in der Lawinenbeurteilung notwendig, um selbstständig Touren zu unternehmen.

### Groß (Stufe 4)

Bei der Gefahrenstufe groß sind je nach Situation einerseits zum Teil große Tallawinen möglich, andererseits kann auch die Auslösebereitschaft von mittleren Lawinen hoch sein, sodass vor allem Wintersportler gefährdet sind. Spontane Lawinen sind typisch, ebenso Fernauslösungen. Große Lawinengefahr wird häufig dann erreicht, wenn die Neuschneemenge mehr als 50 Zentimeter innerhalb von 24 Stunden beträgt, oder bei starkem Regen auf eine schwache Schneedecke. Meistens ist eine lockere Altschneeoberfläche oder generell ein schwacher Schneedeckenaufbau für eine große Lawinengefahr förderlich.

### Sehr groß (Stufe 5)

Damit eine sehr große Lawinengefahr (Stufe 5) erreicht wird, müssen innerhalb einer oder mehrerer aufeinanderfolgender Niederschlagsperioden ergiebige Schneemengen fallen: typischerweise mindestens 100–150 Zentimeter in drei Tagen. Die Gefahrenstufe sehr groß kann aber auch erreicht werden, wenn die Schneefallgrenze während der Niederschlagsperiode(n) markant ansteigt, sodass es bis in höhere Lagen regnet, und zwar auf eine eher schwache Schneedecke. Oft führen schwache Basisschichten in der Schneedecke (Schwimmschneefundament) kombiniert mit viel Neuschnee zu Großlawinenereignissen. Derartige katastrophale Situationen sind aber sehr selten und treten höchstens etwa alle zehn Jahre auf.

## Bandbreiten

Im Gegensatz zum stufenweisen Anstieg der fünf Gefahrenstufen steigt die Lawinengefahr in der Natur kontinuierlich und **überproportional** an. Daher kann die Lawinengefahr innerhalb einer Gefahrenstufe sehr unterschiedliche Ausprägungen haben. Am meisten zum Ausdruck kommt diese Bandbreite bei der Gefahrenstufe erheblich. Am oberen Rand dieser Gefahrenstufe können verbreitet Lawinen (auch spontane) niedergehen und die Gefahr ist akut. Am unteren Rand fehlen allenfalls Neuschnee, frische Triebschneespuren oder Alarmzeichen, und der Spielraum im Gelände ist relativ groß.

Die blaue Kurve in der Abbildung zeigt den natürlichen Verlauf der Lawinengefahr. Die Situation A beschreibt ein »hohes« erheblich, wo spontane Lawinen und Fernauslösungen vom Hangfuß aus möglich sind. In der Situation B (»tiefes« erheblich) wird man kaum spontane Lawinen sehen und vielleicht auch keine anderen Alarmzeichen erkennen. Evtl. sind auch nur gewisse Geländeteile von der erheblichen Lawinengefahr betroffen. Die Gefahr für den Wintersportler ist bei B wesentlich geringer als bei A, obwohl in beiden Situatio-

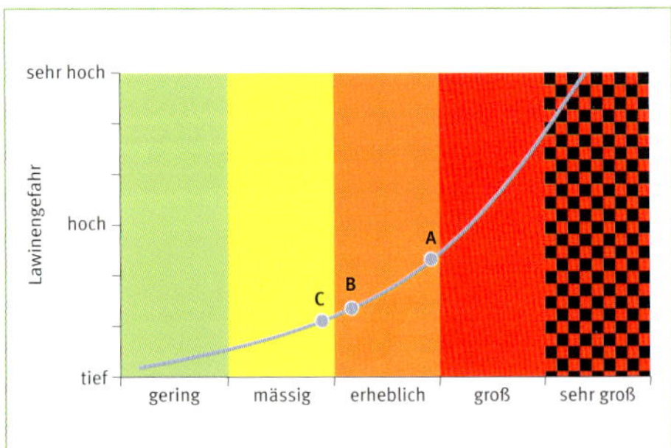


Natürlicher, kontinuierlicher Verlauf der Lawinengefahr innerhalb der fünf Gefahrenstufen. Der Vergleich der Punkte A und B zeigt, dass bei erheblicher Lawinengefahr deutlich unterschiedliche Lawinensituationen möglich sind.

**KURZ UND KNAPP**

Innerhalb der gleichen Lawinengefahrenstufe kann die Ausprägung der Lawinensituation unterschiedlich sein. Es lohnt sich die Gefahrenentwicklung der letzten Tage zu verfolgen und sich die Frage zu stellen, welches das Hauptproblem (Muster) ist.

nen die Gefahr treffend mit erheblich beschrieben wird.
Anders sieht es beim Vergleich der beiden Punkte B und C aus. Die Lawinengefahr unterscheidet sich in der Realität nur geringfügig, obwohl bei der Situation B eine erhebliche und bei C eine mäßige Lawinengefahr prognostiziert wird. Der Unterschied in der Gefahrenstufe kann aber Auswirkungen auf die Tourenplanung und das Verhalten im Gelände haben. Es ist ratsam, folgende Punkte zu beachten:

- **Gefahrenstufenentwicklung** der letzten Tage verfolgen: Z. B. wie lange herrscht schon eine mäßige Lawinengefahr? War die Prognose gestern evtl. noch erheblich, so ist die Lawinengefahr am Tag darauf trotz der Rückstufung auf mäßig selten markant tiefer.
- **Hauptproblem** der aktuellen Lawinensituation (Muster) identifizieren: Z. B. weshalb ist die Lawinengefahr mäßig? Heißt die Prognose mäßig wegen des schlechten Schneedeckenaufbaus oder weil über Nacht stellenweise frische Triebschneeansammlungen entstanden sind?
- **Auslösewahrscheinlichkeit** von Lawinen: Z. B. deutet folgende Aussage im Lawinenlagebericht auf eine Situation im oberen Bereich von mäßig hin: »An schneearmen Stellen sind Lawinen schon durch geringe Zusatzlast auslösbar.«

## Anstieg und Rückgang der Gefahr

Ein Anstieg der Lawinengefahr und somit auch der Gefahrenstufe ist immer mit einer markanten Wetteränderung verbunden, z. B. Neuschnee, Schneeverfrachtung durch Wind, Anfeuchtung als Folge von Erwärmung oder Regen. Mit diesen Witterungseinflüssen lässt sich ein Anstieg oft relativ leicht erkennen.
Schwieriger ist der Rückgang der Lawinengefahr zu beurteilen. Außer einer markanten Abkühlung nach Regen gibt es häufig aufgrund des Wetters keine klaren Anzeichen für einen Rückgang der Gefahr. Nur wenn wir versuchen uns zu überlegen, wie sich das Wetter auf die Schneedecke auswirkt (Prozessdenken), können wir einschätzen, ob die Lawinengefahr zurückgeht. Wir müssen uns also mit der Schneedecke auseinandersetzen und uns überlegen, wo Lawinen noch auslösbar und möglich sein könnten. Allgemein erfolgt bei schwachem Schneedeckenaufbau der Rückgang der Lawinengefahr langsamer als bei günstig aufgebauter Schneedecke. Am schwierigsten ist der Rückgang von erheblicher zu mäßiger Lawinengefahr vorherzusagen. Während eines Schneefalls im Hochwinter steigt die Gefahrenstufe im Lawinenlagebericht auf erheblich und bleibt vorerst – je nach Schneedeckenaufbau – noch einige Tage auf dieser Stufe. Danach wird die Gefahrenstufe, ohne dass wesentliche Wettereinflüsse beobachtbar sind,

**KURZ UND KNAPP**

Die Lawinengefahr ändert sich in Realität kontinuierlich und nicht stufenweise wie die Gefahrenstufen im Lawinenlagebericht. Dies ist v. a. beim Rückgang der Lawinengefahr zu beachten.

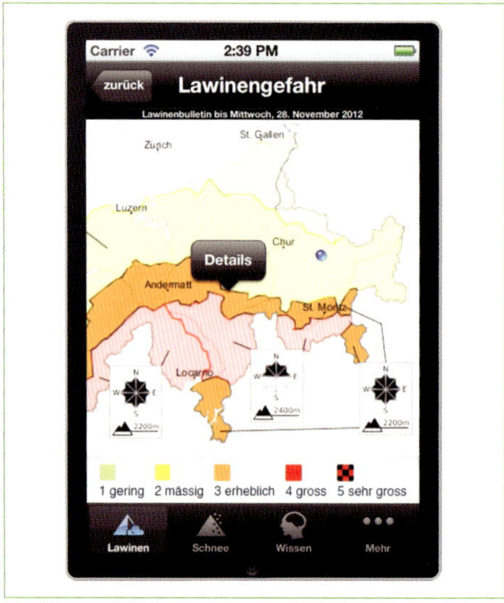


Der Schweizer Lawinenlagebericht in der SLF-Smartphone-App »White Risk«

auf mäßig zurückgestuft. Die neue Einschätzung hat Konsequenzen bei der Anwendung der Grafischen Reduktionsmethode (siehe Kap. Grafische Reduktionsmethode, S. 18 u. 158). Die Lawinensituation ist in Realität am Tag der Rückstufung von erheblich auf mäßig häufig nur unwesentlich anders als sie am Vortag war.

## Lawinenlagebericht

Der Lawinenlagebericht beschreibt die zu erwartende Lawinensituation entweder als Prognose für den Folgetag oder als Ist-Zustand für den aktuellen Tag für eine oder mehrere Regionen. Nebst der Gefahrenstufe umfasst der Lawinenlagebericht allgemeine Informationen zum **Schneedeckenaufbau**, zu den besonders **gefährdeten Geländeteilen** (»Gefahrenstellen«) und zum **Wetter**. Oft wird im Text beschrieben, weshalb die Lawinengefahr z. B. als erheblich eingeschätzt wird. Solche Angaben helfen, die Lawinensituation einem oder allenfalls mehreren Mustern zuzuordnen. Meistens besteht der Lawinenlagebericht aus einem Text und grafischen Darstellungen, vor allem Karten und Piktogrammen.

### Interpretation

In den Karten werden zu den Gebieten gleicher Gefahrenstufe auch die besonders gefährdeten Geländeteile grafisch dargestellt (Rosetten). Die schwarz eingefärbten Bereiche gelten dabei als beson-

»Triebschneeproblem in den Expositionen Südwest über Nord bis Südost oberhalb von rund 1800 m«

»Altschneeproblem in den Expositionen Nordwest über Nord bis Ost oberhalb von rund 2200 m«

ders gefährlich. An den übrigen Stellen ist die Lawinengefahr meist geringer, wobei im Lawinenlagebericht keine detaillierte Aussage darüber gemacht werden kann, wie viel geringer die Gefahr dort im Detail ist. In der Tourenpraxis hat sich eingebürgert, für die nicht speziell ausgeschiedenen Geländeteile anzunehmen, dass die Gefahr dort eine Stufe geringer ist. Diese Faustregel hat sich in der Schweiz überwiegend bewährt, hat aber wie jede Regel ihre Ausnahmen. Sie kann zur Planung einer Tour eingesetzt werden, ersetzt aber nicht die Beurteilung im Gelände, zumal die Gefahrenstufe für eine Region und nicht für einen Einzelhang gilt.

Von den beiden Darstellungen der besonders gefährdeten Geländeteile in der Abbildung links deutet die linke Rosette auf mehr Gefahrenstellen hin als die rechte Rosette.

Verwendet werden oft folgende Geländebezeichnungen: Steilhänge, Triebschneehänge, Rinnen und Mulden, Kammlagen.

**KURZ UND KNAPP**

In den im Lawinenlagebericht nicht speziell erwähnten Expositionen und Höhenstufen ist die Lawinengefahr meist geringer.

## Möglichkeiten und Grenzen

Die Inhalte im Lawinenlagebericht (inkl. Gefahrenstufen) sind immer generell für eine Region zu interpretieren. Lokale Unterschiede sind normal und zeitliche Veränderungen innerhalb eines Tages sind ebenfalls möglich. Weiter ist zu berücksichtigen, dass der Lawinenlagebericht meist mit einer Wetterprognose verbunden ist. Unsicherheiten in der Wetterentwicklung wirken sich auch auf die Lawinenprognose aus. In den Gefahrenkarten sind Grenzen zwischen Gefahrenstufen, Expositionen oder Höhenstufen immer als fließende Übergänge zu deuten. In solchen Übergangsbereichen kann sowohl die günstigere (tiefere Gefahrenstufe) als

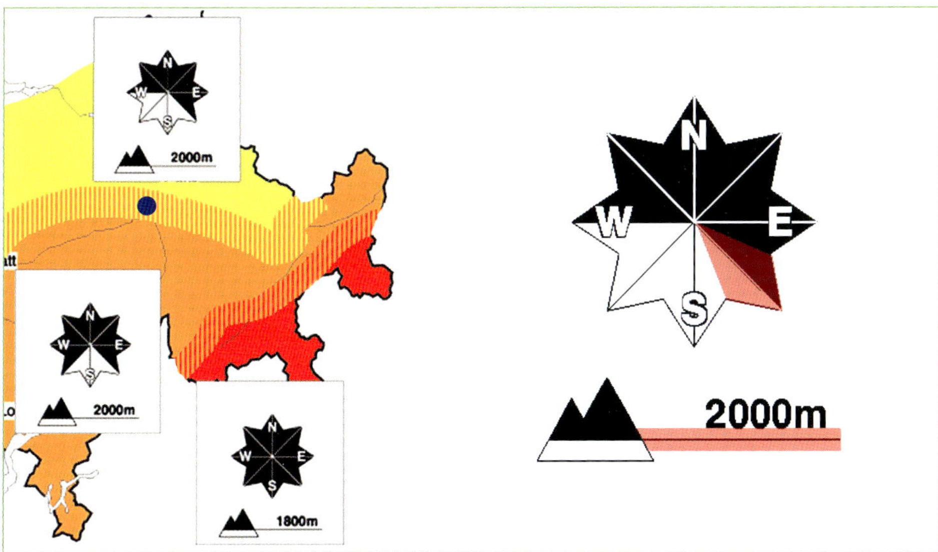


Übergangsbereiche: Am Ort des blauen Punktes (links) ist die Lawinengefahr möglicherweise etwas höher als mäßig. Auch die Grenzen von Exposition und Höhenstufe sind immer als fließende Übergänge aufzufassen.

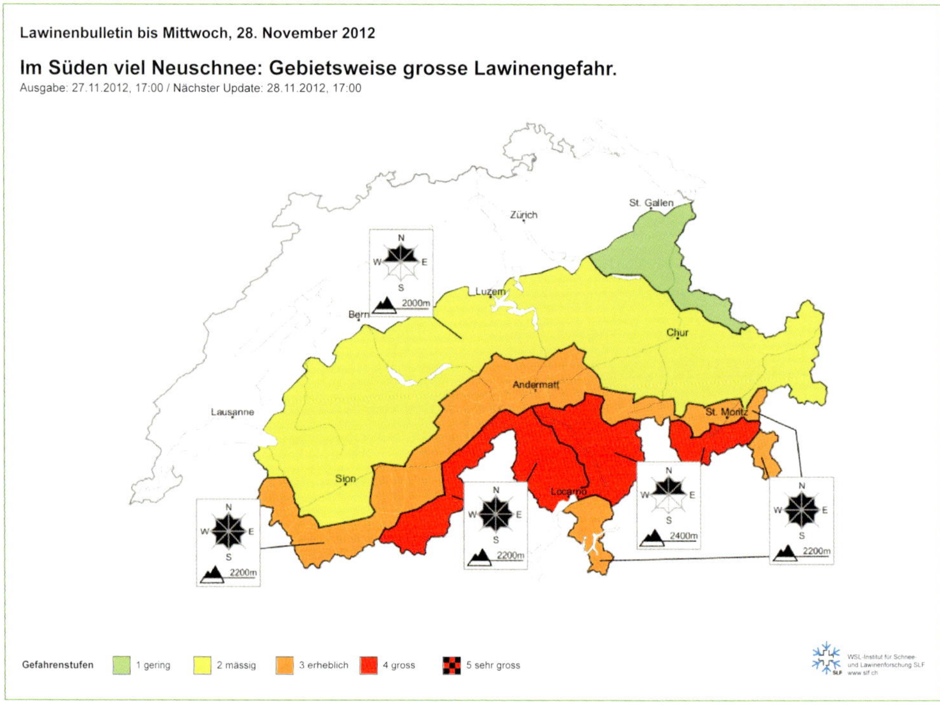


Beispiel einer Gefahrenkarte für die Schweizer Alpen

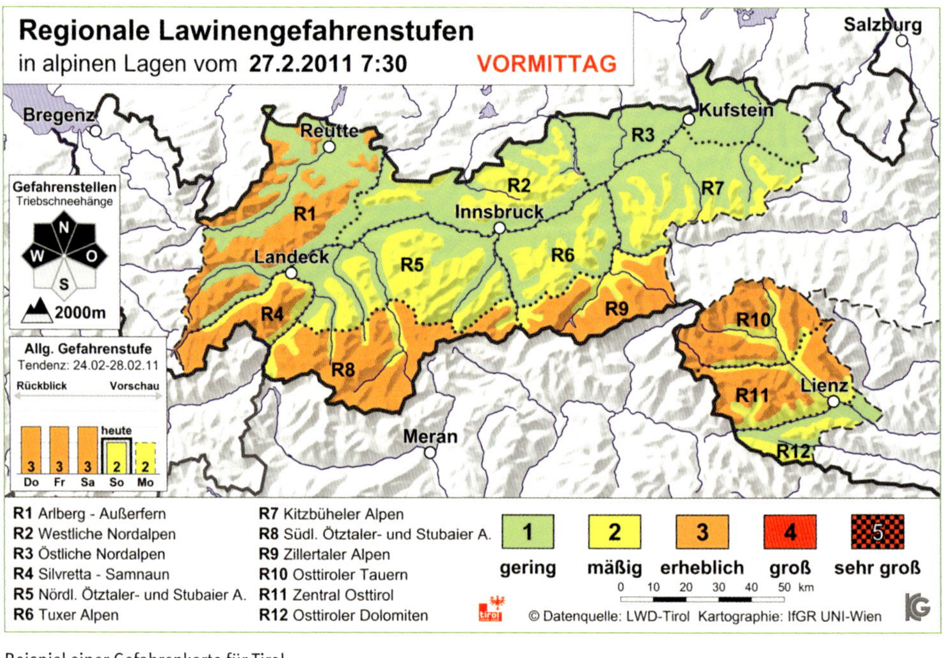


Beispiel einer Gefahrenkarte für Tirol

**INFOKANÄLE LAWINENLAGEBERICHTE**

| Land | Lawinenwarndienst | Web-Link (www) | Apps | Bemerkungen |
|---|---|---|---|---|
| Europa | Europäische Lawinenwarndienste | avalanches.org | - | gute Übersicht zu allen Lawinenlageberichten Europas |
| Schweiz | WSL-Institut für Schnee- und Lawinenforschung SLF | slf.ch | White Risk (iPhone und Android) | verschiedene Lawinenlageberichte und Zusatzprodukte für die ganze Schweiz (4-sprachig) |
| Österreich | div. Lawinenwarndienste in Österreich | lawine.at | Tirol Snow App (iPhone und Android) | Übersicht über alle Lawinenlageberichte diverser österreichischer Lawinenwarndienste |
| Deutschland | Lawinenwarndienst Bayern | lawinenwarndienst-bayern.de | - | Lawinenlagebericht und Zusatzprodukte für Bayern |
| Frankreich | Meteo France | france.meteofrance.com | | in den Gebirgsregionen Lawinenlageberichte |
| Italien | AINEVA | aineva.it | | Übersicht über alle Lawinenlageberichte in Italien |

auch die ungünstigere (höhere Gefahrenstufe) Einschätzung gelten.
Die Lawinensituation ändert sich selten innerhalb einer Distanz von einem Kilometer. Sie ist in der Regel auf 1900 Metern Höhe nicht wesentlich günstiger als auf 2100 Metern, wenn im Lawinenlagebericht beschrieben wird, dass die besonders gefährdeten Hänge sich oberhalb von 2000 Metern befinden. Übergangsbereiche sind immer vorsichtig zu beurteilen, d. h. es ist tendenziell von der ungünstigeren Gefahrenstufe auszugehen.

## Zusatzprodukte

Außer dem Lawinenlagebericht bieten die verschiedenen Lawinenwarndienste wertvolle ergänzende Informationen rund um die aktuellen Wetter- und Schneeverhältnisse an. Diese Zusatzprodukte sind für Tourengänger und Freerider u. U. ebenfalls sehr nützlich.
Einige Beispiele von Zusatzprodukten, welche z. B. vom Schweizer Lawinenwarndienst bereitgestellt werden, sind:

› **Schneehöhenkarte** und **Neuschneekarte**: diverse Karten mit aktuellen Messwerten und interpolierten Flächen.
› **Schneedeckenzustandskarte:** Karte zum generellen Schneedeckenaufbau, aktualisiert alle 14 Tage; es können auch einzelne Schneeprofile angeschaut werden.
› **Wochenbericht**: In den Wintermonaten erscheint jeden Donnerstagabend ein Rückblick auf die Wetter- und Lawinensituation der vergangenen sieben Tage. Der Rückblick hilft, die Entwicklung der Lawinensituation besser zu beurteilen.

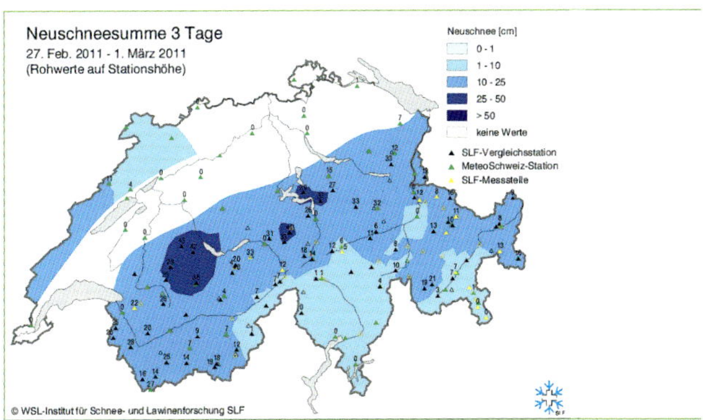


Beispiel eines Zusatzproduktes: Karte der Neuschneesummen von drei Tagen

# P Unterwegs beobachten und beurteilen

Beobachten ist der Schlüssel zur eigenständigen Beurteilung der Lawinengefahr. In diesem Kapitel soll aufgezeigt werden, welche Möglichkeiten wir zum Beobachten haben, um Grundlagen für unsere Entscheidungen zu sammeln. Für die Interpretation einzelner Beobachtungen siehe die Kapitel Schnee und Lawinen, S. 21, und Äußere Einflüsse auf die Schneedecke, S. 45.

Die besten Indizien für erhöhte Lawinengefahr sind frische Lawinen. Es gibt aber noch viele weitere Möglichkeiten, mithilfe von Beobachtungen typische Muster zu erkennen und die Lawinensituation einzuschätzen. Auch ohne im Schnee zu graben, kann man oft erkennen, welche Prozesse die Eigenschaften der Schneedecke aktuell – günstig oder ungünstig – beeinflussen. Die Nase wirklich in den Schnee zu stecken, kann vor allem bei Altschneesituationen helfen, mittels einfacher Schneedeckenuntersuchungen mehr über den Schneedeckenaufbau zu erfahren. Neben dem ständigen Beobachten muss auch fortwährend das Gelände eingeschätzt werden. Nur die kombinierte Beurteilung von Gelände und Schneedecke ermöglicht eine optimale Routenwahl.

## Beobachten

### Alarmzeichen

Alarmzeichen weisen auf Schwachstellen in der Schneedecke hin. Sie sind Indizien dafür, dass die Bedingungen in der Schneedecke für Schneebrettlawinen gegeben sind. Typisch sind sie bei **erheblicher Lawinengefahr**. Als Alarmzeichen gelten:

› **frische Schneebrettlawinen**, unabhängig von der Art der Auslösung: spontan, künstlich (Sprengung, Schneesportler), oder fernausgelöst

› **Wumm-Geräusche** (Setzungsgeräusch verursacht durch den Kollaps einer Schwachschicht) und

Rissbildung beim Betreten der Schneedecke. Je länger der Riss ist, desto ausgeprägter ist die Tendenz für die Bruchausbreitung.

Frische Lawinen sind deutliche Alarmzeichen.

## HÄUFIGKEIT VON ALARMZEICHEN

| | Alarmzeichen | | |
|---|---|---|---|
| Gefahrenstufe | Wumm-Geräusche, Rissbildung | frische Schneebrettlawinen | |
| | | künstlich ausgelöste Schneebrettlawinen | Fernauslösungen, Spontanlawinen |
| mäßig | vereinzelt | vereinzelt | selten |
| erheblich | typisch | typisch | vereinzelt |
| groß | häufig | häufig | typisch |

› **Rissbildungen** beim Betreten der Schneedecke

Nur wer aktiv beobachtet, sieht frische Lawinen. Nur wer selbst eine Spur anlegt, kann allenfalls ein Wumm-Geräusch hören. Wer in existierenden Spuren geht, vergibt die Möglichkeit, sich warnen zu lassen. Andererseits – wenn wir keine Alarmzeichen sehen oder hören, heißt dies noch lange nicht, dass die Lawinengefahr unbedeutend ist.

Alarmzeichen sind Hinweise, dass eine Schwachschicht gebrochen ist und sich der Bruch auch ausbreitet. Die Ausbreitung des Bruches (Bruchfortpflanzung) kann jedoch unterschiedlich sein. Bei frischen Lawinen ist der Fall klar, die gebrochene Fläche war genügend groß und die Neigung steil genug, dass sich ein Schneebrett lösen konnte. Bei Wumm-Geräuschen oder bei Rissbildung breitet sich ein Bruch manchmal nur wenige Me-

Verlockender erster Tag nach Neuschnee

## BEDINGUNGEN WÄHREND DES SCHNEEFALLS

| Kriterien | ungünstig | günstig |
|---|---|---|
| Wind | starker oder stürmischer Wind | schwacher Wind |
| Temperatur | kälter als –5 bis –10°C, v.a. bei Schneefallbeginn | wenig unter 0°C |
| Altschneeoberfläche | gleichmäßig und relativ locker (z.B. Oberflächenreif, aufgebauter Schnee, »Pulver«), Eis | im Meterbereich unregelmäßig (z.B. häufig befahren, winderodiert, Büßerschnee) |
| Schneedeckenaufbau | schwach | verfestigt und gut |

Im Früh- und Hochwinter herrschen oft ungünstige Bedingungen, im Frühling eher günstige.

ter, manchmal aber auch quer durch einen ganzen Hang aus.

### Kritische Neuschneemenge

Neuschnee führt immer zu einem Anstieg der Lawinengefahr (siehe Kap. Neuschnee, S. 47 und Kap. Neuschneesituation, S. 70). Ist die kritische Neuschneemenge erreicht, kann man von **erheblicher Lawinengefahr** ausgehen.

Je nach den Bedingungen sind die kritischen Neuschneemengen:

- 10–20 cm bei ungünstigen Bedingungen
- 20–30 cm bei mittleren Bedingungen
- 30–50 cm bei günstigen Bedingungen

### Triebschneespuren

Triebschnee erkennt man oft anhand von Windspuren auf der Schneeoberfläche (z. B. Dünen). Triebschneespuren sind häufig vorhanden, aber längst nicht immer weisen sie auf kritische Verhältnisse hin. Trotzdem ist Triebschnee, vor allem wenn er frisch ist, eine der Hauptursachen für Schneebrettlawinen. Es ist nicht einfach zu erkennen, ob der Triebschnee frisch (d. h. ein bis zwei Tage alt) oder schon älter ist und ob er abgangsbereit ist. Neben dem Alter des Triebschnees ist auch die verfrachtete Schneemenge rein optisch

#### KURZ UND KNAPP

Wird Schnee durch den Wind verfrachtet, sind oft Windspuren auf der Schneeoberfläche erkennbar. Alter und Menge des Triebschnees sind jedoch anhand der Spuren nicht immer einfach abzuleiten.

Überwiegend abgeblasener Rücken mit erodierter Schneeoberfläche. In den Mulden daneben, wo der Triebschnee liegt, ist die Schneeoberfläche glatt.

schwierig bis unmöglich zu beurteilen. Wechten zeigen, aus welcher Richtung der Wind hauptsächlich wehte, sind aber selten ein Indiz dafür, dass auf der windabgewandten Seite (im Lee) auch wirklich frischer Triebschnee liegt.

Um Spuren des Windes auf der Schneeoberfläche richtig zu interpretieren, ist es nützlich, die Wetterentwicklung der letzten Tage zurückzuverfolgen. Gab es in den letzten Tagen starke Winde, die Schnee verfrachten konnten? Spuren auf der Schneeoberfläche geben dann wertvolle Hinweise (mehr zum Einfluss des Windes und zu Triebschnee siehe Kap. Wind, S. 50 und Triebschneesituation, S. 76). Im Folgenden sind einige Beispiele von Triebschneespuren abgebildet.

Verbreitet dünenartiger, frischer Triebschnee: Der Wind kam von rechts.

Windbänder: oberflächlich bänderartige Erosionsformen auf einer Triebschneeansammlung. Der Wind wehte von links unten.

Frischer Triebschnee? Nein, nach starker Erwärmung bildeten sich über dem Triebschnee Lockerschneerutsche. Der Triebschnee ist schon mehrere Tage alt. Der Wind wehte von links unten.

Windschweif hinter Geländekanten und Steinen. Der Wind wehte von rechts.

Verschiedene Spurbilder: Triebschnee mit Spursteg (links), kohäsionsloser aufgebauter Schnee (Mitte), Nassschnee (rechts)

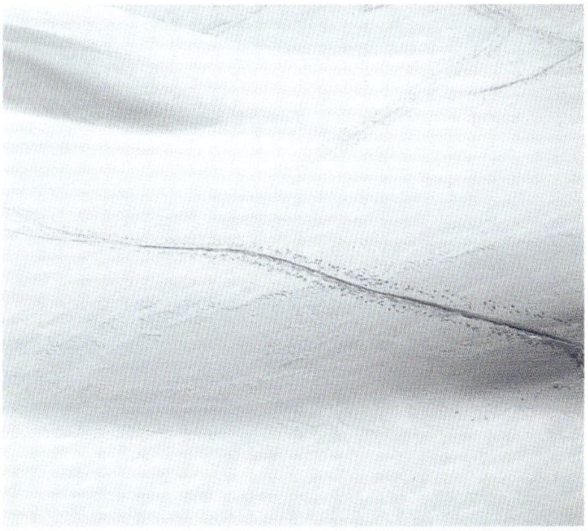

Aufstiegsspur bei sich änderndem Triebschnee. Stellenweise ist die Spur kaum sichtbar, da der Schnee dort tragfähig ist.

## Eigene Spur

Anhand der eigenen Spur können die Eigenschaften des Schnees an der Oberfläche beurteilt werden, etwa wie gut er gebunden ist, oder ob er nass oder feucht ist. Legt man selbst eine Spur an, können auch räumliche Veränderungen der Schneeeigenschaften wahrgenommen werden, die aufgrund von kleinen Geländeveränderungen oder anderer Windverhältnisse entstanden sind (z. B. weicher Triebschnee neben abgeblasenen Stellen oder Wechsel von Bruchharsch zu Pulver). Nur wer selbst eine eigene Spur anlegt, kann spüren, wie der Schnee beschaffen ist und wie sich die Beschaffenheit im Gelände ändert.

## Spuren anderer Wintersportler

Viele Spuren in einem Hang verändern die Schneeoberfläche derart, dass sie in Kombination mit dem nächsten Schneefall als günstige Altschneeoberfläche betrachtet werden kann (siehe Kap. Häufiges Befahren, S. 66). Spuren in einem Hang können aber auch Informationen liefern. Anhand von Abfahrtsspuren lässt sich zum Beispiel erkennen, wie gut der Schnee zum Skifahren war (es gibt natürlich auch Skifahrer, die in Bruchharsch schöne Spuren hinterlassen ...) oder man sieht Änderungen der Einsinktiefen.

Weiter zeigen vorhandene Spuren, dass an dem Ort, wo Wintersportler einen Hang befahren haben, keine Lawine ausgelöst worden ist. Spuren in einem Hang können also auch als »Belastungstest« betrachtet werden, dies allerdings mit Vorsicht. Man sollte sich nicht von bestehenden Spuren

**KURZ UND KNAPP**

Man sollte sich nicht von vorhandenen Spuren verleiten lassen.

Beispiel 1, oben: Hangbereich mit zwei Spuren (grün). Unten: Ein Wintersportler fährt weiter oben rechts in den Steilhang und löst eine weitere Schneebrettlawine aus (rot).

Beispiel 2: Mehrere Leute befinden sich um 9.10 Uhr im stark verspurten Hang (oben). Minuten später löst sich ein Schneebrett, zum Glück ohne Folgen (unten).

verleiten lassen, denn wir wissen nicht, wie nahe die Belastung an einer Lawinenauslösung war. Es passiert ab und zu, dass einige Meter neben einer vorhandenen Spur ein Wintersportler doch noch eine Lawine auslöst. Auch eine Lawinenauslösung in einer bestehenden Aufstiegsspur ist nicht ausgeschlossen. Die Wahrscheinlichkeit wird jedoch immer kleiner, je mehr Leute in der Spur schon aufgestiegen sind. Betrachtet man die Unfallzahlen, so löste in 60 Prozent der Fälle die erste Person, die den Unfallhang belastete, die Lawine aus. Somit waren es immerhin 40 Prozent der Folgepersonen, die Lawinen auslösten. Im Aufstieg wurde nur ein Prozent der Schneebrettlawinen in bestehenden Aufstiegsspuren ausgelöst. Auf der vorhergehenden Doppelseite werden zwei unterschiedliche Beispiele geziegt, wo bei bereits vorhandenen Spuren Lawinen ausgelöst wurden.

**Beispiel 1:** In einer noch überwiegend unberührten steilen Geländekammer sind erst zwei Spuren vorhanden (grün). Ein Variantenfahrer fährt weiter oben in den Hang, wo noch keine Spuren sind (rot) und löst eine Schneebrettlawine aus. Die anderen Lawinen sind vom Vortag. Dieses Beispiel ist typisch für das Variantengelände, wo in der Regel zuerst flacheres Gelände befahren wird und sich Wintersportler erst später allmählich in steileres Gelände herantasten. Solche Geländeteile sind oft auch etwas weniger häufig befahren.

**Beispiel 2:** Säntisabfahrt am Karfreitag, 2. April 2010. Der Hang in der ersten Abbildung ist bereits sehr verspurt. Anscheinend war die Belastung aller bereits abgefahrenen Wintersportler trotz auslösebereiter Schneedecke noch nicht ganz ausreichend für die Initiierung der Schneebrettlawine. Jemand erwischte wenig später entweder einen ungünstigen Ort oder belastete die Schneedecke noch etwas mehr, sodass sich eine Schneebrettlawine löste. Lawinenauslösungen in solch verspurten Hängen sind selten.

Dies sind keine Winddünen, sondern Abflussrinnen, die durch Regen entstanden sind. Die schmalen Rinnen verlaufen in der Falllinie.

Die Eiszapfen an der Tanne verraten, dass nach dem Schneefall eine Erwärmung stattfand und der Schnee stellenweise zu schmelzen begann. Danach erfolgte eine Abkühlung und es bildeten sich Eiszapfen.

Der Schnee, der den Hang hinuntergekollert ist, deutet auf eine ausgeprägte Erwärmung des Neuschnees hin. Der Schnee wurde dabei feucht und pappig. Was dies für Auswirkungen auf die Lawinensituation haben kann, wird in Kap. Lufttemperatur, S. 53, und Neuschneesituation, S. 70 beschrieben.

Die Verformung des Neuschnees zeigt, dass bereits Kriech- und Setzungsbewegungen stattgefunden haben. Der Neuschnee hat sich seit der Bildung schon verändert und ist dichter geworden.

### Weitere Beobachtungen

Neben den Spuren des Windes auf der Schneeoberfläche ist oft auch der Einfluss der Temperatur und des Regens erkennbar. In den Abbildungen sind verschiedene Prozesse zu erkennen, die auf die Schneedecke wirkten.

**KURZ UND KNAPP**

Mithilfe von Beobachtungen und einfachen Tests (mit oder ohne Graben) können wir uns ein Bild über den Schneedeckenaufbau machen.

## Schneedeckenaufbau und Schneedeckentests

Der Schneedeckenaufbau bleibt uns größtenteils verborgen. Mit gezielten Beobachtungen und Überlegungen zur Entwicklung der Schneedecke können jedoch einige Charakteristiken erkannt werden. Vor allem bei Altschneeproblemen, bei denen keine äußeren Anzeichen wie Alarmzeichen, Triebschnee, Neuschnee etc. vorhanden sind, gilt es sich dem Faktor Schneedecke vertieft zu widmen.

Bereits aus dem Lawinenlagebericht und etwaigen Zusatzprodukten können Informationen über den allgemeinen Zustand der Schneedecke gewonnen werden. Unterwegs gibt es verschiedene Möglichkeiten, mehr über den Schneedeckenaufbau zu erfahren. Dabei stellt sich folgende Frage: **Welche Unterschiede der Schneedecke gibt es etwa in Bezug auf Höhenlage, Exposition und Geländeform?**

Werden Beobachtungen und Tests, die Hinweise über den Schneedeckenaufbau geben, mit dem Wetterverlauf kombiniert, so kann man sich ein grobes Bild über den Aufbau der Schneedecke machen. Wichtig dabei ist, sich nicht auf eine einzelne punktuelle Beobachtung zu stützen, sondern verschiedene Beobachtungen und Informationen zu vergleichen und dabei zu hinterfragen, ob diese zusammenpassen.

Markanter Unterschied der Einsinktiefe mit und ohne Skier. Dies weist auf einen ungünstigen Schneedeckenaufbau hin.

Tiefes Loch, entstanden nach dem Durchbrechen mit dem Skistock in eine kohäsionslose Schwimmschneeschicht

## Einfache Schneedeckentests ohne Graben

Während des Aufstiegs oder bei einer Pause können einfache Tests gute Eindrücke über die Beschaffenheit der oberen Schichten der Schneedecke liefern, ohne dass es nötig ist, dafür ein Loch zu graben. Schon durch die Einsinktiefe mit Skiern können die Eigenschaften der oberflächennahen Schichten einfach beurteilt werden. Es lässt sich zum Beispiel erkennen, wie gut sich der Neuschnee bereits gesetzt hat, oder ob es räumliche Unterschiede in der Härte der obersten Schicht gibt. Die Einsinktiefe ohne Skier zeigt, wie gut die Schneedecke generell verfestigt ist. Tiefes Einsinken in den kohäsionslosen Altschnee bedeutet eine dicke Schwachschicht und weist auf eine möglicherweise ungünstige Kombination Schneebrett/Schwachschicht hin.

Böschungstest: bewusst provozierte Lawinenauslösung an einem kleinen, harmlosen Hang

Mit kräftigem Einstecken des Stocks können eventuell ebenfalls verschiedene Schichthärten und Mächtigkeiten erkannt werden. Der Stocktest ist eine einfache Methode, die, während des ganzen Aufstiegs laufend angewandt, Unterschiede im Schneedeckenaufbau zeigen kann.

Über die Einsinktiefe und den Stocktest können vor allem Schwimmschneeschichten und unterschiedliche Schichthärten sowie räumliche Änderungen dieser Eigenschaften erkannt werden, nicht jedoch dünne Schwachschichten.

Kleine, harmlose Hänge sind der ideale Ort, um zu testen, ob sich mit kräftiger Belastung ein kleines Schneebrett auslösen lässt. Solche Böschungstests sind vor allem bei Triebschnee- und Neuschneesituationen aufschlussreich.

## Einfache Schneedeckentests mit Graben

Um abschätzen zu können, ob tatsächlich ein Altschneeproblem vorhanden ist, und wenn ja, wie gravierend es ist, sind Beurteilungen zum Schneedeckenaufbau nötig. Bei fehlenden Alarmzeichen oder anderen äußeren Anzeichen für ein mögliches Altschneeproblem sind zusätzliche Informationen meist nur in der Schneedecke selbst zu finden. Der Blick in die Schneedecke ist in verschiedener Hinsicht nützlich:

- Die Abfolge der Schichten kann mit der »Geschichte« des Winters in Verbindung gebracht werden (z. B. Sonnenkrusten, Regenkrusten, Schwimmschnee).
- Das Prozessverständnis für die Lawinenbildung wird gefördert.
- Ungünstige Schichtkombinationen (Schneebrett/Schwachschicht) können erkannt werden, auch wenn die Schwachschichten dünn sind.

Schneedeckenuntersuchungen sollten in unberührten, aber ungefährlichen kleinen Hängen durchgeführt werden. Ziel ist es, einen ungünstigen Schneedeckenaufbau zu finden – nicht einen stabilen. Es ist daher darauf zu achten, dass die Schneehöhe am Ort der Untersuchung eher unterdurchschnittlich ist, weil bei geringer Schneehöhe die Schneedecke in der Regel schwächer ist. Ideal für solche Tests sind Hänge, die steiler sind als 30 Grad. Schneedeckentests sind aber auch in mäßig steilem Gelände möglich. In der Regel gräbt man ein ca. ein Meter tiefes und eineinhalb Meter breites Loch. Untersucht werden dann die Abfolge der Schichten (Schneeprofil) sowie die Stabilität anhand eines Tests.

### Schneeprofil

Bei der Interpretation des Profils gilt es auf Unterschiede in der Härte und der Kornform und -größe in den Schichten zu achten. Folgende Konstellationen sind dabei ungünstig:

- weiche, grobkörnige Schichten, bestehend aus eher großen, kantigen Körnern, überlagert von einer brettartigen, feinkörnigen Schicht (z. B. Triebschnee), die auch weich sein kann
- generell harte Schichten über einer weichen Schicht

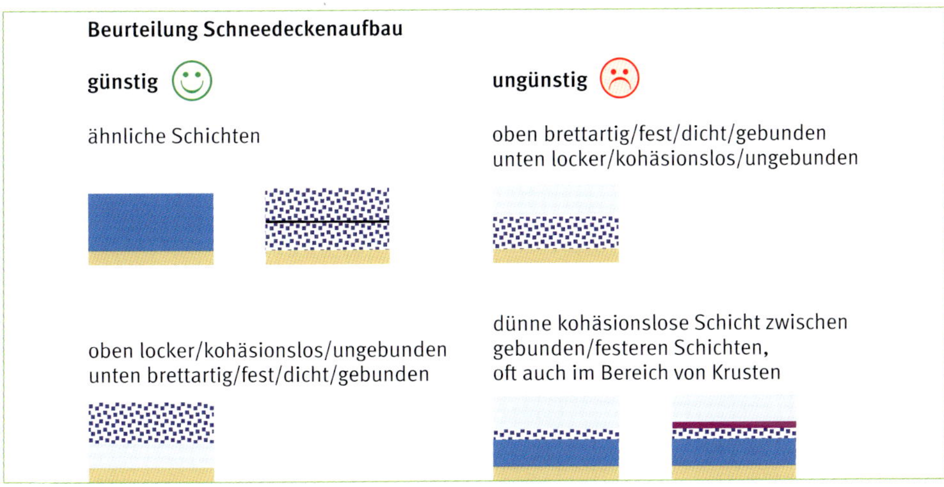


Günstige (links) und ungünstige (rechts) Schichtkombinationen

- dünne Schwachschichten im Bereich von Krusten
- potenzielle Schwachschicht liegt weniger als 1 m unter der Schneeoberfläche

Welche Eigenschaften von Schwachschicht und Schneebrett geeignet für Schneebrettlawinen sind, ist in Kapitel Schnee und Lawinen, S. 21 beschrieben.

### Stabilitätstest

Bei einem Stabilitätstest wird ein Schneeblock freigelegt und bis zum Bruch belastet. Als einfacher, schnell durchzuführender Test hat sich der ECT (Extended Column Test) bewährt. Er wurde von Ron Simenhois aus dem klassischen Säulentest (Compression Test) entwickelt. Der Test zeigt nicht nur, ob es eine Schwachschicht gibt, sondern auch, ob sich der Bruch in der Schicht ausbreitet. Es können damit zwei wichtige Voraussetzungen für Schneebrettlawinen (Bruchinitiierung und Bruchfortpflanzung) an einem Schneeblock getestet werden.

Ein ECT wird wie folgt durchgeführt:

- Rechteckigen Block 90 cm breit, 30 cm tief nach hinten auf drei Seiten freischaufeln. Die Höhe des Blockes liegt bei rund 1 m. Die Rückwand des Blocks mit einer Schnur sägen. Die Vorderseite des Blocks mit der Schaufel sauber glatt abstechen, damit Brüche besser sichtbar werden.
- Schaufelblatt links oder rechts am Rand des Blocks auflegen. Nacheinander je **zehn Mal** mit der Hand **aus dem Handgelenk, aus dem Ellbogen** und schließlich **aus der Schulter** auf die Schaufel klopfen resp. leicht schlagen. Dabei erfolgt die Belastung ohne großen Kraftaufwand, indem man den Arm eher fallen lässt. Man belastet so lange, bis sich ein Bruch mit sichtbarem Riss bildet. Wichtig dabei ist zu beobachten, ob sich der Riss nur unter der Schaufel bildet oder ob er sich durch den ganzen Block fortpflanzt. Hat sich der Riss zwar gebildet, aber noch nicht fortgepflanzt, belastet man weiter.

Ist der Hang genügend steil, rutscht der Block bei vollständigem Bruch ab. Andernfalls bildet sich lediglich ein durchgehender Riss.

Auf einen eher **ungünstigen Schneedeckenaufbau** deutet der Test hin, wenn **spätestens beim ersten Schlag aus der Schulter** eines der folgenden Szenarien eintritt:

- Ein Bruch bildet sich und breitet sich gleichzeitig durch den ganzen Block aus, oder

Stabilitätsprüfung mittels ECT. Die Höhe der Schneesäule kann beliebig gewählt werden. In der Regel reicht 1 m. Mitte: Abgleiten des Blocks nach erfolgtem durchgehendem Riss. Rechts: Dimensionen des Blocks und worauf geachtet werden muss.

**EXPERTENTIPP**

Standortwahl und Interpretation von Schneeprofil und Stabilitätstests erfordern viel Erfahrung. Nur bei regelmäßiger, wiederholter Anwendung ergibt sich der gewünschte Informationsgewinn. Am besten kombiniert man die Resultate von Stabilitätstests mit dem Schneeprofil und überlegt sich, ob die Ergebnisse zusammenpassen. Widersprüchliche Resultate (z. B. günstiger Test, aber ungünstige Schichtabfolge) sind ein Zeichen für Unsicherheit.
Mehrere und verschiedene Tests zu machen kann sinnvoll sein und erhöht die Zuverlässigkeit, sofern die Resultate zusammenpassen.

› ein Bruch erfolgt zuerst nur unter der Schaufel, breitet sich aber bereits bei der folgenden Belastung durch den ganzen Block aus.

Bricht der Block erst später, d. h. bei mehrmaligem Schlagen aus der Schulter ganz durch, so neigt der Schichtaufbau zwar zur Bruchausbreitung, die Auslösung scheint an dieser Stelle jedoch eher wenig wahrscheinlich zu sein. Es ist ratsam, dieses Testresultat ebenfalls als eher ungünstig zu werten. Tritt keines der oben genannten Szenarien ein, so deutet das Testresultat darauf hin, dass am Ort des Tests generell keine Schwachschicht existiert oder dass, sofern es Schwachschichten gibt, diese nicht als kritisch erscheinen, da Brüche sich nicht ausbreiten.
Der ECT eignet sich, um dünne Schwachschichten zu finden. Ist ein Bruch erfolgt, lohnt es sich, die Schwachschicht sowie die Schicht darüber nochmals genauer anzuschauen.

## Einfache Faustregeln zum Schneedeckenaufbau

Um die Bedeutung des Schneedeckenaufbaus für die Lawinengefahr abzuschätzen, können auch folgende einfache und allgemeine Faustregeln helfen:

› **Mehr Schnee ist besser als wenig Schnee.** Dabei ist die Gesamtschneehöhe gemeint und nicht die Neuschneemenge. Bei großer Schneehöhe ist der Temperaturgradient kleiner und der Schneedeckenaufbau dadurch oft günstiger als bei geringer Schneehöhe. Allerdings kann auch einmal eine mächtige Schneedecke eine Schwachschicht enthalten. Regionen mit generell eher wenig Niederschlag, aber kalten Temperaturen (z. B. inneralpine Hochtäler), weisen häufiger

In schneereichen Wintern oder Regionen mit viel Schnee ist die Schneedecke generell günstiger aufgebaut (Foto von der Sciora-Hütte).

einen schlechteren Schneedeckenaufbau auf als schneereiche Regionen (z. B. am Alpennordrand).

› **Mächtige und ähnliche Schichten sind günstiger** als dünne und unterschiedliche Schichten.

› **Die Schneeoberfläche von heute ist die mögliche Schwachschicht von morgen.** Je rauer und unregelmäßiger die Schneeoberfläche auf kleinem Raum ist, umso günstiger ist dies im Hinblick auf den nächsten Schneefall.

## Geländebeurteilung

### Hangneigung beurteilen

Die Hangneigung spielt bei der Beurteilung des Geländes und des Lawinenrisikos eine wichtige Rolle. Sie ist ein bedeutender Faktor für die Anwendung der Grafischen Reduktionsmethode.

Die Hangneigung wird jeweils an der steilsten Stelle eines zusammenhängenden Hangstückes von rund 20 m x 20 m gemessen oder geschätzt.

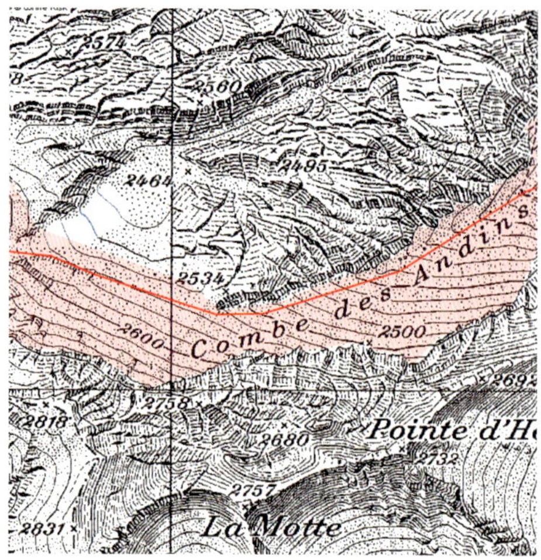

Hangbereich für die Beurteilung der Steilheit bei »erheblich« (oben) und bei »mäßig« (unten). Karten reproduziert mit Bewilligung von swisstopo (BA 11018).

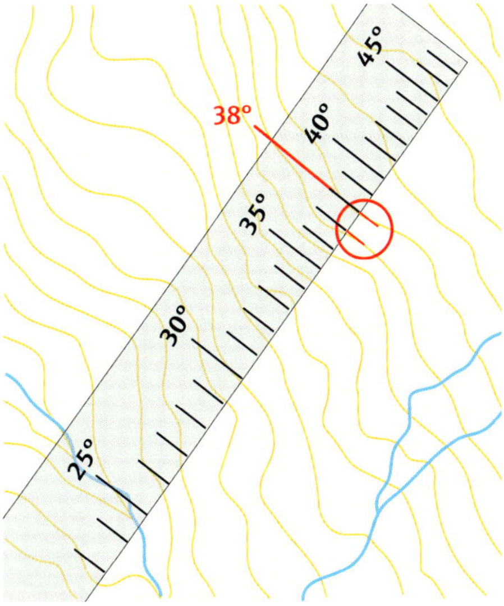


Messen der Hangneigung auf der Karte

Je nach Gefahrenstufe wird die Hangneigung an unterschiedlichen Stellen des Hangs gemessen oder geschätzt. In der Praxis haben sich die folgenden Faustregeln bewährt:

› Bei **großer** Lawinengefahr ist die steilste Stelle im ganzen Hang, solange wir uns im potenziellen Auslaufbereich befinden, zu berücksichtigen.

› Bei **erheblicher** Lawinengefahr wird die steilste Stelle im ganzen Hang, auch wenn wir uns am Hangfuß befinden, gemessen oder geschätzt, da Fernauslösungen vereinzelt möglich sind. Falls es mit Argumenten begründbar ist, dass Fernauslösungen oder große Lawinen wenig wahrscheinlich sind (z. B. ständig befahrene Hänge im Variantenbereich oder auf viel begangenen Touren), muss nicht der ganze Hang berücksichtigt werden.

› Bei **mäßiger** oder **geringer** Lawinengefahr wird die steilste Stelle im Bereich der Spur einbezogen.

## Hangneigung messen und schätzen

Bei der Planung kann schon zu Hause die Hangneigung auf der Karte gemessen werden. Im Gelände gilt es, die Hangneigung zu schätzen. Gelegentliches Messen der Neigung im Gelände bei günstigen Verhältnissen dient der Eichung, sodass man die Hangneigung zuverlässig einzuschät-

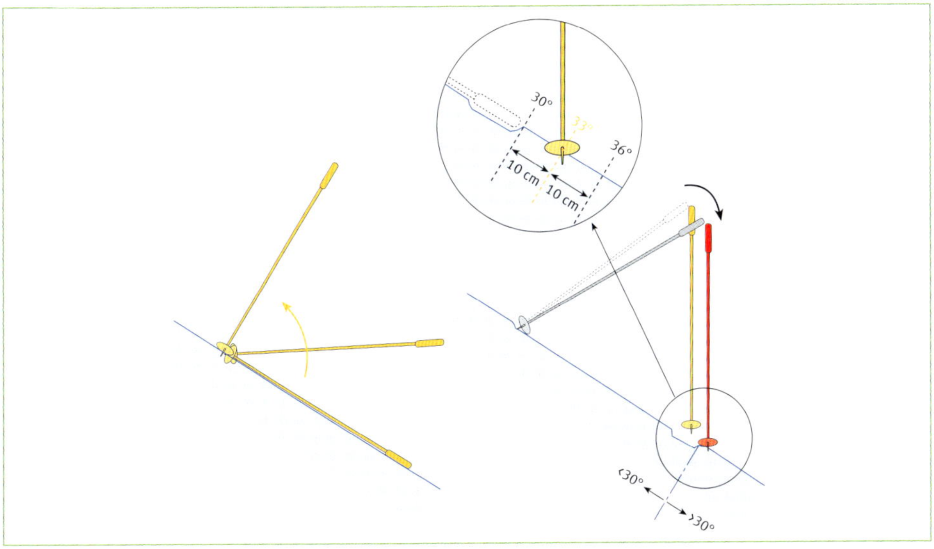


Stockmethode zur Messung der Hangneigung im Gelände. Die Skistöcke müssen gleich lang sein.

zen lernt. Hangneigungen sollten in Größenordnungen (z. B. 35–40°) interpretiert werden und nicht auf ein Grad genau (z. B. 37°). Messmöglichkeiten für die Hangneigung (auf der Karte und im Gelände) gibt es folgende:

› Messen der Hangneigung auf der Karte mit einem Hangneigungsmesser oder
› im Gelände mit Skistöcken oder mit Smartphone-Apps (z. B. White Risk mobile)
› Bestimmung der Hangneigung aus Karten mit eingefärbten Hangneigungen (z. B. Skitourenkarten oder einzelne Webseiten, siehe Tabelle S. 151).

Anhaltspunkte zum Schätzen von Hangneigungen sind:

› Ab 30 Grad müssen wir beim Aufstieg mit Skiern bei einer Richtungsänderung eine Spitzkehre machen.
› Der Hangbereich unter großen Felswänden oder unter felsdurchsetztem Gelände ist häufig rund 35 Grad steil.
› Trockene Lockerschneelawinen brechen häufig in über 40 Grad steilem Gelände an. Felsdurchsetztes Gelände ist oft 40 Grad oder steiler.

## Allgemeine Topografie

Oft ist die Geländeform oder die Kammnähe wichtiger für die Beurteilung als die Hangneigung. Je nach Topografie können günstige Geländeformen für eine optimale Spuranlage ausgewählt werden. Gelände mit kleinräumig unterschiedlicher Topografie (kupiertes Ge-

Geländefalle: Steile Hänge links und rechts bedrohen die Aufstiegsroute. Das Gelände wird nach oben immer steiler.

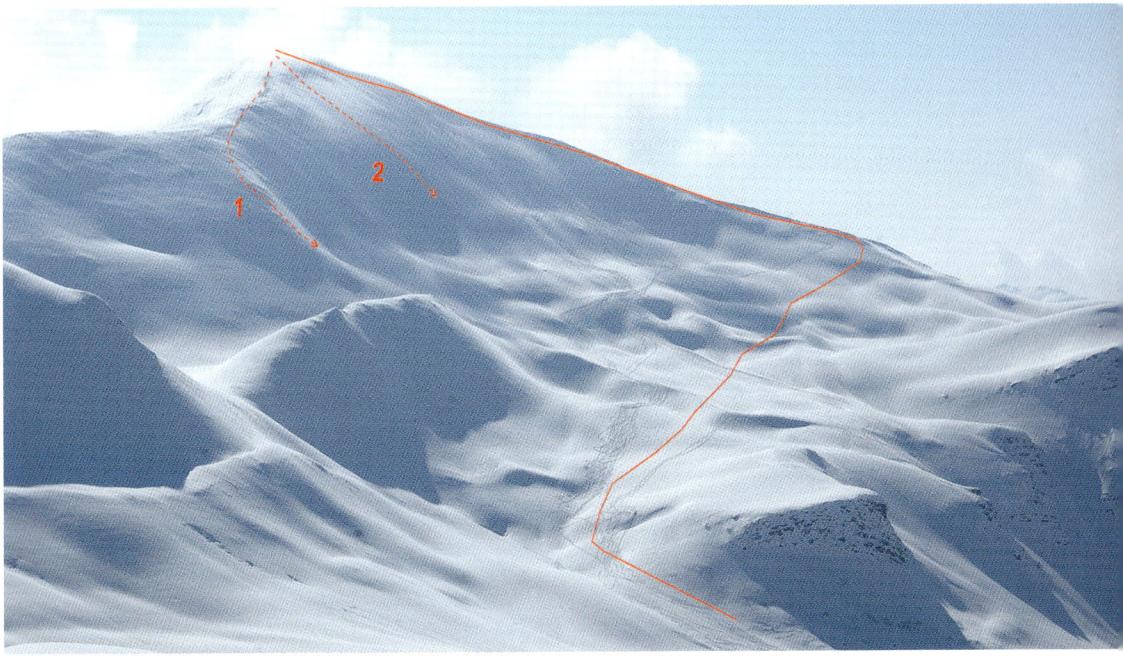


Optimale Aufstiegs- und Abfahrtsroute (ausgezogene Linie). Von den weiteren möglichen Abfahrtsrouten ist die Variante 1 die bessere, da sie über eine Geländerippe führt.

lände) bietet oft die Möglichkeit, steilste Stellen zu umgehen und/oder auf Geländerücken auszuweichen.

In der obigen Abbildung ist eine optimale Aufstiegsroute eingezeichnet, welche große Steilhänge weiträumig umgeht und über einen lang gezogenen Geländerücken auf den Gipfel führt. Für die Abfahrt kommen neben der Aufstiegsroute zwei weitere Möglichkeiten infrage (1 und 2). Beide Varianten sind ähnlich steil und haben die gleiche Exposition. Dennoch ist die Variante 1 günstiger, da sie über eine schmale, aber gut ausgeprägte Rippe führt.

Die Topografie kann aber auch zur Falle werden, wenn die gewählte Route unmittelbar von großen und sehr steilen Hängen umgeben ist, oder wenn der Hang muldenförmig ist und nach oben immer steiler wird.

Kupiertes Gelände ermöglicht das Anlegen einer optimalen Route (ausgezogene Linien). Das Gelände der eingezeichneten Abfahrtsvarianten ist ungünstig (gestrichelt).

ABS
DA KINE
ABS
ABS

# P Faktor Mensch

Im potenziell lawinengefährdeten Gelände spielt das menschliche Verhalten eine entscheidende Rolle. In der ganzen Beurteilung des Lawinenrisikos müssen wir Informationen wahrnehmen, verarbeiten, einschätzen, gewichten, vernetzen und schließlich immer wieder entscheiden und danach handeln. Verschiedene Strategien und Werkzeuge (3x3, GRM, Muster, Risikofaktoren) helfen uns dabei, diesen Entscheidungsprozess zu strukturieren (siehe Kap. Risiko einschätzen – Entscheiden – Verhalten, S. 145). Diverse innere und äußere Faktoren (z. B. Wohlbefinden, Motivation, Gruppe, Wetter, Erfahrung) beeinflussen jedoch unser Risikoverhalten und wirken auf unsere Entscheidungen und Handlungen ein. In unserem Kopf entsteht ein Bild des Lawinenrisikos, das oft von unseren eigenen Wünschen und Vorstellungen stark beeinflusst ist. Das Bild hat zuweilen wenig mit der Realität zu tun, was zu Fehlern im Entscheidungsprozess führen kann. Fehlinterpretationen können auch passieren, wenn wir viel wissen und Erfahrung haben. Die bekannte Aussage des Schweizer Alpinisten und Lawinenforschers André Roch bringt das treffend auf den Punkt: »Experte, pass auf! Die Lawine weiß nicht, dass du Experte bist.«

In diesem Kapitel wird auf den »weichen« Faktor Mensch eingegangen. Dabei werden einige Einflüsse charakterisiert, welche die Fehleranfälligkeit erhöhen können, die also Fehlerquellen sind. Um solchen häufig unbewussten Einflüssen entgegenzuwirken, helfen Strategien und Maßnahmen, damit wir weniger fehleranfällig werden.

## Entscheidungen und Handlungen

Entscheidungen in Risikosituationen lassen sich gemäß dem Schema unten veranschaulichen. Als Erstes müssen wir eine Situation **wahrnehmen**. Danach können wir über zwei Wege zur Entscheidung gelangen.

- Regeln (grüner Weg) helfen uns, wichtige Faktoren zu kombinieren (z. B. GRM oder kritische Neuschneemenge). Sie sind jedoch wenig flexibel, da sie immer die gleichen Faktoren **kombinieren**. Um Regeln anzuwenden, ist wenig Lawinenwissen und Prozessdenken notwendig.
- Wir können aber auch ohne Regeln, basierend auf unserem Lawinenwissen und mit Prozessdenken und Risikoabschätzungen, **entscheiden** (blauer Weg). Lawinenbildende Faktoren werden situativ gewichtet und kombiniert. Dadurch sind angepasste Bewertungen und Entscheidungen möglich.

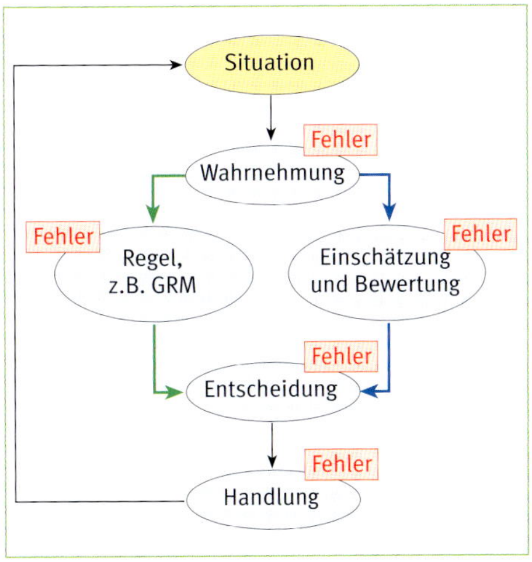


Das Schema zeigt den Ablauf von Entscheidungen. Wir können mehr regelbasiert (grüner Weg) oder mehr wissensbasiert (blauer Weg) entscheiden. Die Kombination dieser beiden Wege führt zum besten Resultat.

Der »blaue« Weg ist fehleranfälliger. Durch die Kombination der beiden Wege (Regeln und Prozessdenken) gewinnt man an Flexibilität und verringert dadurch die Fehleranfälligkeit.

Ist ein Entschluss gefällt, müssen wir folgerichtig **handeln**. Im gesamten Ablauf der Entscheidungsfindung und der Handlung können Fehler passieren. Der Ursprung von Fehlern liegt oft beim Menschen und dessen Risikoverhalten. Mögliche Fehler im ganzen Entscheidungsprozess sind:

› **Wahrnehmungsfehler**, z. B. verursacht durch Wahrnehmungsfallen (Festlegung, Wunschdenken etc.) und Sinnestäuschungen

› **Einschätzungsfehler**, z. B. verursacht durch Sinnestäuschungen, mangelndes Wissen

› **Fehler von Regeln**, z. B. verursacht durch Ausreizen von Regeln, Regel trifft nicht zu, Verstoß gegen die Regel

› **Entscheidungsfehler**, z. B. verursacht durch Wahrnehmungsfallen, Druck, mangelndes Wissen

› **Handlungsfehler**, z. B. verursacht durch mangelnde Kommunikation, Wahrnehmungsfallen, Druck

Das persönliche Befinden, sportlich ausgedrückt der Leistungszustand, spielt im ganzen Ablauf von Entscheidungen und Handlungen eine wichtige Rolle. Im **optimalen Leistungszustand** passieren am wenigsten Fehler. Wir können abgeklärter **wahrnehmen, einschätzen, bewerten und entscheiden**. Verschiedene innere und äußere Faktoren beeinflussen die Fehleranfälligkeit. Einige typische Fehlerquellen sowie Strategien, die dagegen wirken, werden im Folgenden erläutert.

Verschiedene innere und äußere Faktoren beeinflussen unser Risikoverhalten.

## Äußere und innere Einflüsse auf das Risikoverhalten

Fehler im Entscheidungsprozess sind oft die Folge einer falschen Risikoeinschätzung. Das Risikoverhalten wird dabei durch innere und äußere Faktoren beeinflusst.

### Organisation

Eine Organisation, z. B. Alpenverein, Bergsteiger- oder Skischule, beeinflusst das individuelle Risikoverhalten eines Mitglieds. Standards, Werte (z. B. unsere Organisation macht die besten Touren) und Ressourcen (z. B. wir machen die Touren ohne Bergführer) können einen Druck auf die Entscheidungsträger im Gelände erzeugen, z. B. den Tourenleiter. Auch ambitiöse Tourenprogramme tragen dazu bei, risikoreicher unterwegs zu sein. Man möchte ja die Tourenziele in der vorgesehenen Zeit erreichen. Hotel und Hütte sind für die Gruppe reserviert und Anzahlungen verpflichten zusätzlich. Mit einigen orga-

| | negative Einflüsse (Fehlerquellen) | Voraussetzungen | positive Einflüsse (Grundlage für Strategien und Maßnahmen) |
|---|---|---|---|
| Organisation: | • Überschätzung, wir können alles ohne Bergführer<br>• Wettkampf innerhalb der Organisation und mit anderen Organisationen<br>• altes Material (LVS, Schaufeln, Sonden) | • Ressourcen (Bergführer, Anzahl, Leiter)<br>• Vorschriften, Regeln, Normen, Checklisten (Tourenplanung)<br>• Betreuung<br>• Fehlerkultur | • gut ausgebildete Leiter in genügender Anzahl<br>• Austausch von Infos (z.B. in Skischulen, wilde Gruppen)<br>• Beachtung von allg. Regeln (Risikodenken, GRM)<br>• gutes Material |
| Gruppe: | • nur große Touren zählen<br>• wir sind die Besten und Schnellsten<br>• unpassende Tourenwahl<br>• unklare Hierarchien<br>• »Gender«-Probleme<br>• mangelnde Kommunikation<br>• mangelnde Kenntnisse der Teilnehmer | • Ziele, Wünsche, Bedürfnisse<br>• Gruppengröße und -zusammensetzung, bekannte oder unbekannte Teilnehmer<br>• Rollen, Kompetenzen, Werte, Regeln | • transparente Kommunikation<br>• Bedürfnisse und Wünsche klären<br>• Ziele besprechen<br>• Kennenlernen-/Einführungstouren<br>• gutes Gruppenklima<br>• Werte und Regeln diskutieren |
| Individuum: | • Druck der Organisation, der Gruppe (Programm, Erwartungen, Abmachungen)<br>• Wunsch nach sozialer Anerkennung, eigener Druck<br>• Exklusivität<br>• Vertrautheit, negativer Lerneffekt<br>• Sinnestäuschungen | • Ziele, Motivation, Bedürfnisse<br>• Wissen, Erfahrung<br>• Einstellung, Werte, Regeln, Checkliste, Normen<br>• sozialer Status<br>• Leistungszustand, Stimmung, Emotionen, Körperbefindlichkeit | • transparente Kommunikation<br>• Prozess- und Risikodenken<br>• faktenbasiert argumentieren<br>• Touren mit Alternativen planen<br>• Reflexion<br>• antizipieren. was ist wenn...<br>• Entscheide der anderen akzeptieren<br>• optimaler Leistungszustand |

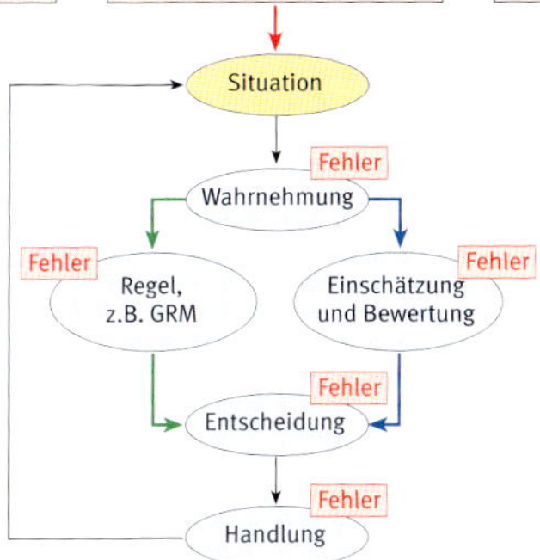


Voraussetzungen und deren Einflüsse auf das individuelle Risikoverhalten (modifiziert nach A. Fischer)

nisatorischen Maßnahmen können Druck und Risiko reduziert werden, z. B. durch:

› Regeln und Checklisten
› Sicherheitsstandards in der Organisation (z. B. eine gute Planung vor der Tour und eine detaillierte Reflexion nach der Tour ist Standard in der Organisation)
› frühzeitige Informationen über evtl. Änderungen im Programm und mögliche Alternativen
› Kommunikation und Sensibilisierung über Werte und Standards der Organisation

**KURZ UND KNAPP**

Offene Kommunikation über Standards und Werte in der Organisation reduzieren den Druck und das Risiko.

## Gruppe

In jeder Gruppe entstehen Dynamiken, die sich auf das Risikoverhalten auswirken. Dies muss nicht a priori negativ sein. Dominante Personen haben, unabhängig von ihrer fachlichen Kompetenz, einen

Sind mehrere Gruppen unterwegs, kann uns das ein falsches Sicherheitsgefühl vermitteln.

größeren Einfluss auf die Gruppe als zurückhaltende Teilnehmer. Wenn die Rollen der Gruppenmitglieder klar definiert sind, entstehen weniger Missverständnisse: Wer trägt die Verantwortung?
Die Ziele, Wünsche und Bedürfnisse aller Gruppenteilnehmer müssen abgesprochen und bekannt sein. Es lohnt sich, vor jeder Tour oder Variantenabfahrt die Tagesziele in der Gruppe anzusprechen. Transparente Kommunikation trägt viel zum Gruppenklima bei und reduziert oft den Druck auf den Verantwortlichen. Vielleicht wollen die Teilnehmer gar nicht in erster Linie auf den Gipfel oder die steilen Hänge fahren. Vielleicht wollen sie in der Natur sein, die Sonne genießen, schönen Pulverschnee fahren und vor allem gesund nach Hause kommen. Vielleicht sind die Teilnehmer zufriedener, wenn sie zwei Mal eine Abfahrt im Pulverschnee im Waldbereich genießen können, als sich durch den Triebschnee in der Gipfelregion kämpfen zu müssen. Es lohnt sich, Gruppenstandards und Werte vor jeder Tour festzulegen, uns z. B. zu fragen, was uns heute wichtig ist, der Gipfel oder das Skifahren. Akzeptieren wir die Entscheidungen der Verantwortlichen oder tragen wir Mitverantwortung und äußern wir uns, wenn wir ein ungutes Gefühl haben? Die Tour oder Variantenabfahrt muss so gewählt werden, dass auch unvorhergesehene Zwischenfälle nicht zu einem großen Risiko führen können. Kennt sich die Gruppe noch nicht, ist dies besonders zu beachten.

**KURZ UND KNAPP**

- Große Gruppen und v. a. auch andere Gruppen, die ebenfalls unterwegs sind, können ein falsches Sicherheitsgefühl vermitteln. Wie würde ich handeln, wenn ich alleine hier wäre?
- Die Diskussion über Gruppenstandards und Werte beeinflusst das Risikoverhalten der Gruppe meistens positiv.

## Individuum

Neben den Werten, Regeln, Bedürfnissen und Vorgaben der Organisation und der Gruppe spielen die individuellen Voraussetzungen eine entscheidende Rolle für das Risikoverhalten. Dabei stehen das eigene Wissen, die Erfahrung sowie der Leistungszustand im Zentrum.

Die kritische Neuschneemenge ist beispielsweise schwierig zu beurteilen, weil der Einfluss des Windes oder die Verbindung mit der Altschneeoberfläche oft nicht klar ersichtlich ist. Je schlechter die lawinenbildenden Faktoren erkennbar sind, desto mehr wird eine Situation über die Erfahrung interpretiert. Äußere Einflüsse wie z. B. Sonnenschein, unverspurte Hänge oder eine gute Gruppenzusammensetzung motivieren uns und können unser Risikoverhalten beeinflussen. Glücksgefühle, der Wunsch, den Gipfel unbedingt zu erreichen, die einmalige Gelegenheit, einen unverspurten Hang zu fahren oder die Meinung: »Was andere können, kann oder möchte ich auch«, verleiten leicht dazu, ein erhöhtes Risiko einzugehen. Angst und Müdigkeit sind normalerweise schlechte Voraussetzungen für gute Entscheidungen, andererseits fällt das Umkehren vielleicht leichter, wenn man im Aufstieg schon müde ist.

**KURZ UND KNAPP**

- Die Wahrnehmung wird durch Motivation, Wünsche, bereits getroffene Entscheidungen usw. stark beeinflusst.
- Um schwierige Entschlüsse treffen zu können, sind Wissen, Erfahrung und ein optimaler Leistungszustand erforderlich.

## Fehlerquellen

Nach der Beschreibung verschiedener Einflüsse (Organisation, Gruppe und Individuum) auf das Risikoverhalten gehen wir einigen typischen Ursachen für erhöhte Fehleranfälligkeit nach. Das, was wir sehen, hören oder spüren, kann durch physische Einflüsse (Sinnestäuschungen) oder durch psychische Einflüsse (Wahrnehmungsfallen) anders wahrgenommen werden.

Bei schlechter Sicht ist es schwierig, das Gelände einzuschätzen und die optimale Route zu finden.

## Sinnestäuschungen

Nicht immer können wir uns auf unsere Sinne verlassen:

› Die Steilheit eines Hanges wird aus der Sicht von oben in den Hang, aus der Sicht vom Hangfuß und generell an Sonnenhängen eher unterschätzt. Aus der frontalen Ansicht erscheint ein Hang steiler, als er in Wirklichkeit ist.

› Je tiefer wir mit den Skiern einsinken, desto mehr unterschätzen wir die Steilheit.

› Die Steilheit kleiner Hänge wird unterschätzt, jene großer Hänge überschätzt.

› Bei schlechter Sicht können wir das Gelände und unsere Spuranlage schlecht einschätzen.

› Bei stürmischen Winden überhören wir Wumm-Geräusche.

› Harter Schnee wirkt sicherer als weicher Schnee.

› Vorhandene Spuren lassen einen Hang stabil erscheinen.

## Wahrnehmungsfallen

»When the facts change, it's time to change your mind.« (John Maynard Keynes) »Wenn sich die Verhältnisse ändern, wird es Zeit, seine Meinung zu ändern.«

Der Entscheidungsprozess beginnt mit der Wahrnehmung. Wir müssen die relevanten Faktoren erkennen und richtig interpretieren. Dabei können Wahrnehmungsfallen zu falschen Deutungen führen. Ian McCammon hat sechs verschiedene Wahrnehmungsfallen definiert und eine große Zahl von Lawinenunfällen im Hinblick darauf analysiert. Seine Untersuchung zeigt, dass vor den meisten Lawinenunfällen die Bedingungen für eine oder mehrere Wahrnehmungsfallen gegeben waren.

### Viele Leute/große Gruppen

Wenn im Gelände viele Leute unterwegs sind, gibt uns dies ein Gefühl der Sicherheit. Wir bringen dabei die Anzahl Personen automatisch mit vermeintlich guten Verhältnissen in Verbindung, ohne dass wir uns selber im Detail mit diesen auseinandersetzen. Eine große Gruppe vermittelt ein Gefühl der Geborgenheit. Weil sich die einzelnen Personen dadurch weniger exponiert fühlen, neigen große Gruppen dazu, ein größeres Risiko einzugehen (»Risky-shift«-Effekt).

Gleichzeitig steigt bei großen Gruppen das Risiko aber zusätzlich:

› In der Schneedecke werden mehr Stellen belastet und damit nimmt die Chance für eine Lawinenauslösung zu.

› Die Wahrscheinlichkeit wird größer, dass jemand stürzt und die Schneedecke stark belastet.

› Mehr Leute setzen sich der Gefahr aus.

› Eine große Gruppe ist träge und kann so weniger gut auf Unvorhergesehenes reagieren.

### Festlegung/Wunschdenken/Zielorientiertheit

Abmachungen, der Wunsch, ein Ziel unbedingt zu erreichen (z. B. mehrtägige Touren von Hütte zu Hütte) oder das Programm konsequent durchzuziehen (Pflichterfüllung), führen zu Festlegung und Wunschdenken. Wir nehmen nur das wahr,

**KURZ UND KNAPP**

»Es ist schwieriger, eine vorgefasste Meinung zu zertrümmern als ein Atom.«
(Albert Einstein)

Bei exklusiven Abfahrten erschwert uns die Euphorie, eine Situation sauber zu beurteilen.

was wir erwarten und wahrnehmen wollen. Wir tendieren dazu, Informationen zugunsten einer vorgefassten Meinung zu filtern. Kritische Wechsel und Veränderungen versuchen wir herunterzuspielen, negative Faktoren blenden wir aus.

### Vertrautheit

Falls wir eine Tour gut kennen, gibt uns dies Sicherheit und verleitet uns dazu, ein höheres Risiko einzugehen. »Hier habe ich noch nie eine Lawine gesehen.« »Das letzte Mal ist es auch gut gegangen.«
Bei Entscheidungen in vertrautem Gelände neigen wir dazu, uns von vergangenem Verhalten in bekannter Umgebung verleiten zu lassen. Wir werden für unerwartete Veränderungen unaufmerksam. Wir vergessen, dass sich in jedem schneebedeckten Hang über 30 Grad Steilheit eine Lawine lösen kann. Viele Wiederholungen führen zu Routinefehlern. Den Hausberg kennen wir wie unsere eigene Hosentasche und kehren nicht gerne um. Andere Verhältnisse übersehen wir leicht.

**KURZ UND KNAPP**

Was letztes Mal gut gegangen ist, muss nicht jedes Mal wieder gutgehen.

### Negativer Lerneffekt

Jede Tour und jede Abfahrt ohne Lawinenauslösung ist grundsätzlich positiv. Leider wissen wir nie, wie nahe wir an einer Lawinenauslösung vorbeigeschrammt sind. Wenn wir ein erhöhtes Risiko eingehen, schnappt die Falle längst nicht immer zu. Lawinen sind selten. Nur weil nichts passiert ist, können wir daraus nicht schließen, dass kein erhöhtes Risiko bestand. Auf jeden Fall speichern wir die Erlebnisse

**KURZ UND KNAPP**

»Good judgment comes from experience, and experience comes from bad judgment.« (Barry LePatner)
»Gutes Urteilsvermögen kommt mit der Erfahrung, und Erfahrung kommt von schlechtem Urteilsvermögen.«

Ein Pulverschneehang reizt zum Herunterfahren. Während der Aufstieg defensiv gewählt wird, lockt in der Abfahrt oft die offensive Alternative.

als positiv ab und neigen dazu, das nächste Mal gleich oder gar noch etwas risikoreicher zu handeln. »Es ist das letzte Mal auch gut gegangen« oder »Wir machen diese Abfahrt, die war letztes Jahr super.«

### Exklusivität

Ein Pulverschneehang ohne Spuren reizt zum Herunterfahren. Wer will nicht der Erste sein? Als Tourenleiter oder Bergführer möchte man den Teilnehmern ein exklusives Erlebnis bieten. Die Gelegenheit ist kurz und selten. Wenn ich nicht fahre, fährt bald jemand anders. Die Euphorie, etwas Exklusives zu unternehmen, hindert uns, die Situation sauber zu beurteilen.

### Soziale Anerkennung

Die meisten Menschen verfolgen gerne Aktivitäten, für die sie Anerkennung erhalten. Die Bewunderung gegenüber dem Geleisteten unter Freunden oder Teilnehmern (z. B. das »Wow« am Montag beim Arbeitsplatz in der Kaffeepause oder das Leuchten in den Augen der Gäste) befriedigt uns. Die Anerkennung spornt uns an, es beim nächsten Mal gleichzutun oder noch ein bisschen mehr Risiko einzugehen. Gleichzeitig kann unser Handeln auch Ansporn sein für Nachahmung: »Was der kann, kann ich auch!«
In einer Gruppe kann die Angst vor Anerkennungsverlust zu falschen Entscheidungen führen. Dieses Phänomen trifft besonders häufig in gemischt-geschlechtlichen Gruppen auf.

### Blindes Vertrauen

Die Einschätzung anderer Personen oder die Beurteilung im Lawinenlagebericht geben uns wertvolle Hinweise für die Tourenplanung. Solche Hinweise sollten jedoch kritisch überprüft werden. Blind auf Fremdinformationen zu vertrauen, heißt eine Gefahrensituation unvollständig zu beurteilen. Vor allem auch Toureneinträge auf Community-Plattformen von Personen, die man nicht kennt, sollten kritisch hinterfragt werden.
Ein Beispiel: Am 13. April 2010 wurde auf einer einschlägigen Internetseite die Tour

Hausstock-Nordostwand bei unterdurchschnittlicher Schneelage. Die roten Kreise markieren Personen oder Personengruppen, insgesamt sind es 17 Personen.

auf den Hausstock (Glarner Alpen) durch die Nordostwand beschrieben und mit folgenden Aussagen bewertet: »... Abfahrt: NE-Wand gesetzter Pulver, keine Steine, super zum Fahren ... Tendenz: Die Verhältnisse gestern waren sehr gut ...«

Am 17. April waren eine rekordverdächtige Anzahl von 17 Personen in der Hausstock-Nordostwand unterwegs. Die Schneeverhältnisse für diese schwierige Tour waren gemäß Einschätzung der Einheimischen für den Aufstieg durchschnittlich, für die Abfahrt aufgrund der geringen Schneelage sogar unterdurchschnittlich. Es ist davon auszugehen, dass sich viele Leute durch die Angaben im Internet verleiten ließen, diese Tour zu unternehmen.

## Druck

Druck kann aus verschiedenen Gründen entstehen. Die Vorgaben der Organisation oder die Wünsche und das Verhalten der Gruppenmitglieder können für den Entscheidungsträger einen Erwartungsdruck verursachen, welcher sein Risikoverhalten oder das Risikoverhalten der Gruppe stark beeinflussen kann. Ambitiöse Tourenprogramme, Gruppenmitglieder mit ausgeprägtem Konsumverhalten (»Wir haben ja dafür bezahlt.«), Reservierungen und Anzahlungen in Unterkünften führen zu Druck. Dies kann dazu führen, dass man z. B. als Gruppe auf der bekannten Haute Route (Walliser Alpen) an einer sicheren Unterkunft vorbei ins Tal fährt, obwohl die Verhältnisse (Lawinengefahr und Sicht) bereits kritisch sind. Die ursprünglich geplante Etappe wird also ungeachtet der Verhältnisse durchgezogen, und man sucht nicht in der sicheren Hütte Zuflucht, da das Hotel im Tal reserviert und vorausbezahlt ist und man das Endziel Chamonix sonst nicht wie geplant Ende der Woche erreichen kann.

Oft ist jedoch der Druck, den man sich selber aufbaut, größer als der Druck, der (direkt) von außen (der Organisation oder der Gruppe) kommt. »Ich kann das. Ich möchte meinen Gästen etwas bieten. Es wird schon gehen.« Mit solchen Vorgaben ändern wir das Risikoverhalten. Oft glaubt man zu wissen, dass die anderen Gruppenmitglieder unbedingt auf den Gipfel wollen, oder dass sie unbedingt steile Hänge fahren wollen. Die Gruppenteilnehmer zollen dem Bergführer oder Tourenleiter ihre Anerkennung z. B. mit Aussagen wie: »Du bist super. Du findest immer eine tolle Abfahrt.« Diesem Bild möchte der Tourenleiter oder Bergführer immer wieder (auch unbewusst) gerecht werden und ändert dabei unbemerkt sein Risikoverhalten. Annahmen und Interpretationen können uns unter Druck setzen, unser Risikoverhalten verändern und uns daran hindern, sauber zu gewichten und den Verhältnissen entsprechend angepasst zu entscheiden.

### Kommunikation

Kommunikation findet auch statt, wenn niemand spricht, z. B. durch Gestik und Mimik. Wie vorher beschrieben, kann Druck von außen oder innen entstehen. Oft ist dies auf mangelnde oder falsch interpretierte, nonverbale Kommunikation zurückzuführen. Fehlende oder schlechte Kommunikation ist eine Fehlerquelle und kann zu Druck, Fehlinterpretationen und letztlich Fehlverhalten führen.

## Strategien zur Reduktion der Fehleranfälligkeit

Lawinenwissen ist die Basis für eine gute Beurteilung der Lawinensituation. Je mehr wir wissen, desto differenzierter können wir beurteilen. Selbst gutes Lawinenwissen schützt uns allerdings nicht vor Fehlentscheidungen. Im Folgenden beschreiben wir darum eine Auswahl an Strategien und Maßnahmen, die uns helfen können, die Fehleranfälligkeit zu reduzieren.

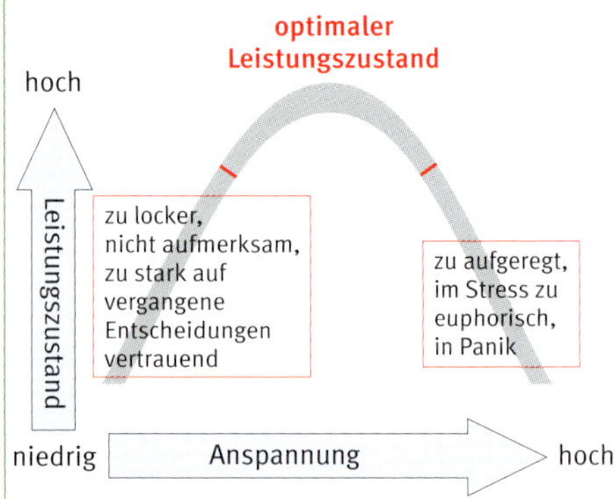


Für schwierige Entscheidungen ist ein optimaler Leistungszustand notwendig. Auf der Basis des Yerkes-Dodsen-Modells (1908) aus J+S Lehrmittel Psyche.

### Optimaler Leistungszustand

Um schwierige Entschlüsse zu treffen, ist ein optimaler Leistungszustand erforderlich. In diesem Zustand können wir unser ganzes Wissen am besten abrufen und unser Können optimal einsetzen. Wir werden auch weniger durch psychologische Mechanismen (wie Gruppendynamik oder Wahrnehmungsfallen) beeinflusst. Im Leistungssport spricht man oft von der Leistungskurve im Zusammenhang mit dem optimalen Leistungszustand. Für Entscheidungen im Lawinengelände können wir davon ableiten, dass zu viel Lockerheit, geringe Aufmerksamkeit oder zu großes Vertrauen in bereits gefällte Entscheidungen einen niedrigen Leistungszustand bewirken. Auf der anderen Seite der Kurve erhöhen Stress, Panik, Gruppendruck, aber auch Euphorie unsere Anspannung, wodurch der Leistungszustand ebenfalls abnimmt.

In beiden Fällen (zu niedrige oder zu hohe Anspannung) brauchen wir Strategien, die uns helfen, die optimale Leistung zu erbringen. Diese Strategien sind sehr individuell. Die Methode »Bändel 1+« (S. 139) z. B. kann uns helfen, unseren optimalen Leistungszustand kennenzulernen und eigene Strategien zu entwickeln, um dorthin zu gelangen.

**KURZ UND KNAPP**

Um in schwierigen Situationen gut entscheiden zu können, müssen wir den optimalen Leistungszustand erreichen.

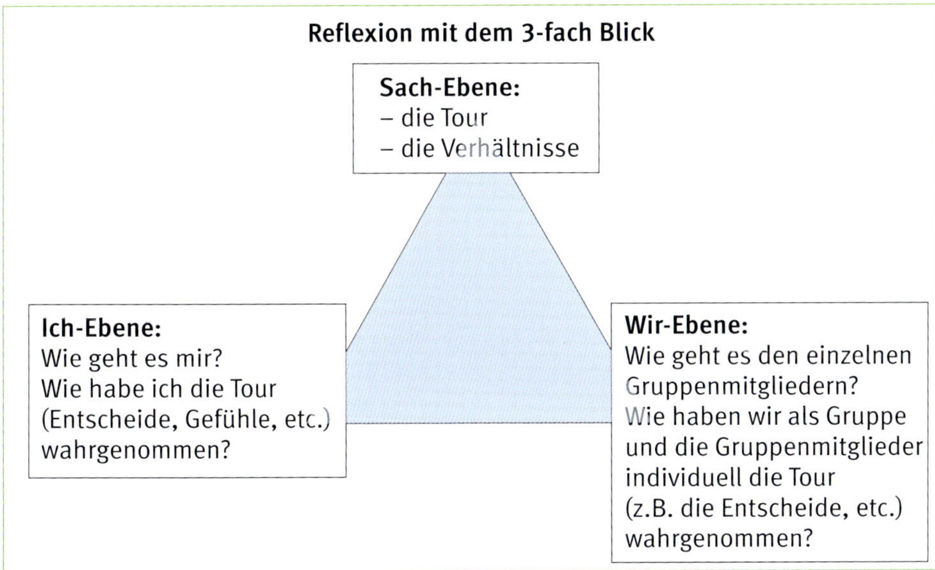


Dreifachblick nach J. Haase, C. Güntsch und P. Rohwedder.

## Reflexion

Oft können wir Entscheidungen auf der Basis der Wiedererkennung treffen. Die Steilheit eines Hanges beispielsweise schätzen wir, indem wir sie mit der Steilheit eines anderen Hanges vergleichen. Die Verhältnisse vergleichen wir mit den Verhältnissen einer anderen Tour und beurteilen so, ob die Verhältnisse günstig oder ungünstig sind. Um die Wiedererkennung zu verbessern und das Erlebte auch als Erfahrung abspeichern zu können, hilft es, die durchgeführten Touren zu reflektieren. So genau und ausführlich die Tourenplanung sein soll, so genau und ausführlich sollten Rückschau und Reflexion sein. Mit folgenden einfachen Fragen lernen wir dazu und entwickeln so fortlaufend aktiv die Erfahrung:

› Gab es gefährliche Momente auf der Tour?

› Was war anders als erwartet bei den Verhältnissen, dem Gelände, dem Faktor Mensch (ich/Gruppe)?

› Waren alle Entscheidungen richtig und erfolgten sie zur richtigen Zeit?

› Was würde ich nächstes Mal anders machen?

**KURZ UND KNAPP**

Durch Reflexion des Erlebten gewinnen wir an Erfahrung, und mit zunehmender Erfahrung wird unser Bauchgefühl wertvoller.

Die Erfahrung wächst mit der Verarbeitung des Erlebten. Wenn Erfahrung automatisiert und gefestigt ist, entwickelt sich die Intuition. Unerfahrene können kaum auf ihre Intuition zählen. Was im Alltag gutgeht, kann im Gebirge gefährlich sein. Mit zunehmender Erfahrung steigt jedoch der Stellenwert der Intuition bei der Entscheidungsfindung. Ein ungutes Bauchgefühl müssen wir immer ernst nehmen, ein gutes sollten wir kritisch hinterfragen. Interessant und lehrreich ist die Reflexion in der Gruppe. Der Dreifach-Blick kann uns dabei helfen, die Reflexion zu strukturieren.

## »Hot and Cold«

Anlässlich eines Seminars zum Thema Faktor Mensch in der Lawinenkunde hat die Psychologin Rachael Mackinlay das Konzept »Hot and Cold« vorgestellt. Mit diesem Konzept wird aufgezeigt, wie bei Entscheidungen in Risikosituationen zwei Zustände (»heiß« und »kalt«) die Entscheidungsfindung beeinflussen. Diese Vorstellung ist einfach und für die Anwendung bei Entscheidungen in Lawinensituationen nützlich.

› Im **»heißen« Zustand** basieren Entscheidungen stark auf Emotionen, Motivation und dem Bauchgefühl. Wir entscheiden spontan; die Handlung erfolgt sozusagen im Affekt. Im »heißen« Zustand ist die aktuelle Situation wichtig; der schnelle Gewinn steht im Vordergrund. Dominiert »heiß«, so sind wir weniger fähig, verschiedene Faktoren miteinander zu kombinieren. Wir neigen mehr zu einem Tunnelblick. In diesem Zustand treffen wir eher risikoreiche Entscheidungen.

**EXPERTENTIPP**

**Von »Hot« zu »Cold«:**
Entscheidungen im »heißen« Zustand sind eher risikoreich. Wir müssen lernen, unseren »heißen« Zustand zu erkennen und individuelle Strategien zu entwickeln, um in den »kalten« Zustand zu gelangen.
**Mögliche Strategien** sind:
Augen zumachen, zur Seite treten, sich Zeit nehmen, Sechs-Farben-Denken, bewusstes Kombinieren von Risikodenken und Prozessdenken, Sicht von außen.
Diese Strategien werden in den folgenden Unterkapiteln beschrieben. Für das Bewusstwerden des Leistungszustands hilft der Knoten im »Bändel 1+«.

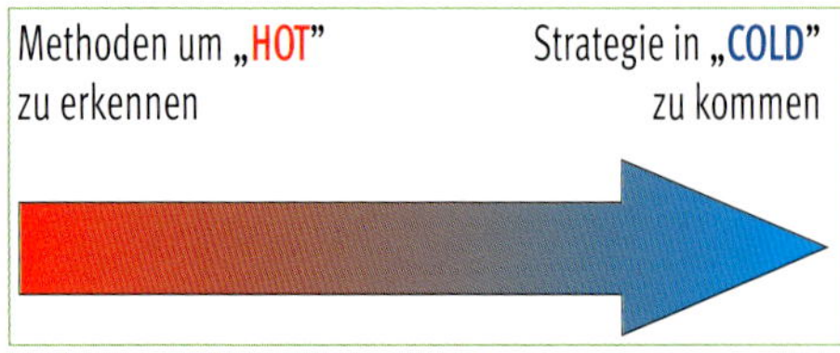


Im »kalten« Zustand können objektive Entscheidungen besser gefällt werden. Strategien helfen uns, vom »heißen« in den »kalten« Zustand zu gelangen.

› Im **»kalten« Zustand** erfolgen Entschlüsse hingegen eher faktenbasiert und überlegt. Auch spätere Konsequenzen der Entscheidung werden mit berücksichtigt.

In Risikosituationen, wie sie im Lawinengelände vorkommen, müssen wir einerseits erkennen, ob wir uns in einem »heißen« Zustand befinden, und andererseits müssen wir versuchen, die Entscheidung möglichst im »kalten« Zustand zu fällen. Wir müssen unsere persönlichen Strategien entwickeln, um bei schwierigen Entscheidungen in einen »kalten« Zustand zu kommen (mögliche Beispiele siehe Experten-Tipp). Deutliche Anzeichen für Lawinengefahr wie z. B. frische Lawinenabgänge unterstützen »kalte« Prozesse. Auch vorangegangene Erfahrungen mit überraschenden Lawinensituationen sind für überlegte Entscheidungen hilfreich. Die Methode »Bändel 1+« (siehe nächstes Kap.) hilft, unseren eigenen Zustand zu erkennen und individuelle Strategien zu entwickeln, um in »kalte« Situationen zu kommen.

**KURZ UND KNAPP**

- In »heißen« Situationen (Emotion, Gefühl) entscheiden wir spontan und eher risikoreich.
- In »kalten« Situationen entscheiden wir überlegt.

### »Bändel 1+«

Die beiden Bergführer Thomas Theurillat und Markus Müller entwickelten die »Bändel 1+«-Methode als Zusammenfassung aus den Ergebnissen eines Workshops im Rahmen des Schweizer Kern-Ausbildungsteams Lawinenprävention KAT, dem 14 Institutionen und Verbände angehören.

Die Ziele der Methode sind:

- Der Anwender lernt seinen optimalen Leistungszustand kennen.
- Der Anwender lernt oder findet Strategien, um in seinen optimalen Leistungszustand zu kommen.
- Der Anwender ist in seiner momentanen, individuellen Bestform unterwegs.

Als Basis für diese Methode dient ein Bändel, zum Beispiel eine 15 bis 20 Zentimeter lange Reepschnur mit einem Knoten. Das Bändel stellt eine Skala von eins bis zehn dar, und der Knoten symbolisiert den aktuellen Leistungszustand. Im Gegensatz zur Leistungskurve (siehe Kap. Optimaler Leistungszustand, S. 136) befindet sich hier die 10 (= optimaler Leistungszustand) am Ende der Schnur.
Nun überlegen wir, an welcher Stelle der Skala wir uns zurzeit befinden, die »1« bedeutet Tiefstform, die »10« Höchstform. Höchstform bedeutet, wir sind in der denkbar besten Form, um alles Wissen und Können über Lawinen einzusetzen und schwierige Entscheidungen zu treffen.
Als Erstes müssen wir uns unseres aktuellen Leistungszustands bewusst werden und an der entsprechenden Stelle des Bändels einen Knoten machen. Danach folgt die Frage: »Wie können wir den Knoten, der unseren Leistungszustand symbolisiert, um einen Punkt in der Skala gegen die »10« verschieben: »1+«? Welche Strategien, welche Maßnahmen oder welcher Zustand haben uns in der Vergangenheit geholfen, die guten, die bestüberlegten Entscheidungen zu treffen? Wie ist mein typischer Leistungszustand auf Punkt 10, wie ist er auf Punkt 1? Welche Gedanken und Gefühle begleiten mich jeweils? Welche Handlungen sind typisch für 10 und welche für 1? Sind diese Zustände von außen sichtbar?

Folgende Fragen helfen uns bei der Anwendung der Methode »Bändel 1+«:

- Wo bin ich jetzt auf meinem Bändel zwischen 1 und 10? Knoten machen!
- Was ist anders als bei 1? Und was noch? Alles aufzählen und es sich selber sagen!
- Was wäre anders, wenn ich eine Stufe weiter oben (»1+«) wäre? Woran würde ich das merken? Woran wäre es von außen sichtbar?
- Was kann ich jetzt machen, um meinen Leistungszustand nach oben zu verschieben? Jetzt machen!
- Was ändert sich schon in Richtung »1+«? Wie lautet meine Strategie?

Die Strategien, um den Knoten, der für unseren Leistungszustand steht, gegen die

**EXPERTENTIPP**

Um sich besser kennenzulernen und die Anwendung der Methode »Bändel 1+« für sich zu verbessern, stellen wir uns nach der Tour folgende Fragen:

- Was habe ich heute ganz konkret über mich und mein Verschieben zum »1+« gelernt? Beispiele auf der heutigen Tour?
- Neues zu meinem 10er-Zustand? Wie bin ich dann? Wie zeigt sich das?

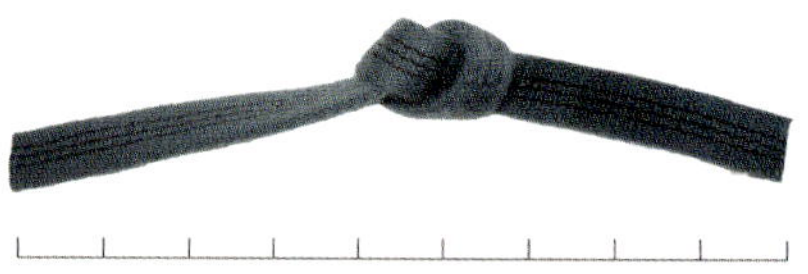


Der Knoten im Bändel symbolisiert unseren Leistungszustand. Mit Strategien versuchen wir den Knoten (Leistungszustand) um 1 Punkt gegen die 10 zu verschieben.

**KURZ UND KNAPP**

Das Bändel mit dem Knoten in der Hosentasche erinnert uns daran, Überlegungen über unseren Leistungszustand zu machen und diesen zu optimieren.
Mit der Zeit sammeln wir Erfahrung, wie wir den Leistungszustand optimieren können.

10 zu verschieben, sind sehr individuell. Jede Person muss selber herausfinden, wie sie ihren aktuellen Zustand erkennt und welche Methoden und Strategien am erfolgreichsten sind, um den Leistungszustand zu optimieren. Die in den folgenden Kapiteln beschriebenen Strategien sind einige Beispiele, die sich in der Praxis bewährt haben.

## Sechs-Farben-Denken

Informationen, Eindrücke und Wahrnehmungen werden in unserem Hirn unterschiedlich verarbeitet und gewichtet. Das Sechs-Farben-Denken von Edward DeBono veranschaulicht unsere Denkweise. Neuropsychologen haben herausgefunden, dass der Ablauf, welcher zu einer Entscheidung führt, meistens nach dem gleichen Schema abläuft. Zuerst denken wir an die Fakten, dann hören wir auf unser Gefühl, dann kommt die positive, optimistische Stimme in uns, nachher die negative, die pessimistische Stimme, und am Schluss die kreative. Andere Fachleute sprechen in diesem Zusammenhang von den diversen inneren Stimmen (z. B. Schultz von Thun).

Das Schweizer Kern-Ausbildungsteam KAT hat auf der Basis der Sechs-Farben-Methode ein einfaches Lernspiel entwickelt. Mit diesem Lernspiel lässt sich in der Gruppe veranschaulichen, wie unterschiedliche, oft widersprüchliche Interessen unsere Entscheidungsfindung beeinflussen. Die Methode hilft uns, Ordnung ins Sammelsurium der vielen Informationen zu bringen, die für die Entscheidung wichtig sind. Ob ich als Einzelner entscheiden muss oder mit der Gruppe eine Entscheidung herbeiführen will – die Methode ist für beide Möglichkeiten geeignet. In Gruppen führt sie zu wesentlich schnelleren Entscheidungen.

### Lernspiel

Sechs Personen stellen sich im Kreis auf. Jede Person repräsentiert eine bestimmte Sicht- oder Denkweise entsprechend den Farben **Weiß**, **Rot**, **Gelb**, **Schwarz**, **Grün** und **Blau**. Nachdem das Problem bekannt ist, z. B. gehen wir auf dieser Tour hier weiter oder nicht, beginnt der Teilnehmer mit der Farbe **Weiß**. Er repräsentiert unser »Faktenhirn« oder unsere innere »Faktenstimme«. Er zählt die Fakten auf zu Verhältnissen, Gelände und Mensch (3x3). Fakten sind objektiv, neutral, z. B. die Sicht, die Steilheit des Hanges, die Uhrzeit. Fakten sind nur sicheres Wissen. Ihm gegenüber steht der Teilnehmer mit der Farbe **Rot**. Rot repräsentiert die Gefühle, die Emotionen, die Ahnung, das Bauchgefühl, wiederum zu den Verhältnissen, dem Gelände, dem Faktor Mensch. Für die Gefühle braucht es keine Begründungen. Nach Rot folgt **Gelb**, der Positive, der Optimist in uns. Er streicht die Pluspunkte fürs Weitergehen auf der Basis des 3x3 (Verhältnisse, Gelände, Mensch) heraus, z. B. das schöne Wetter, das kupierte Gelände, das eine gute Spuranlage ermöglicht, die gute Kondition der Gruppenmitglieder. Nach Gelb kommt **Schwarz**, die negative, pessimistische Stimme, die uns an die Gefahren und Risiken erinnert, die Angst. Nach Schwarz folgt die Farbe **Grün**, die kreative Seite in uns. Der kreative Teil in uns zeigt Alternativen auf, z. B. wir könnten ja noch problemlos bis zu diesem Punkt gehen, dies würde uns eine neue Sicht ermöglichen und eine neue Alternative bieten. Oder, wenn wir umkehren, haben wir noch Zeit für eine LVS-Übung, oder wir sitzen früher bei Kaffee und Kuchen usw. Der Teilnehmer mit der Farbe **Blau** hat sich alle Argumente angehört und kann jetzt noch nachfragen und dann entscheiden.

Das Spiel hilft uns:

- die verschiedenen Arten von Informationen (Fakten, Gefühl, Positives, Negatives und Kreatives) zu strukturieren und
- unterschiedliche individuelle Sichtweisen und Argumentationen zu erfahren.

Auch wenn der Ablauf dieser Farben oder Stimmen in uns immer nach der gleichen Reihenfolge geschieht, so bleibt die Gewichtung sehr individuell und in verschiedenen Situationen unterschiedlich. Die Erfahrung der individuellen Sichtweisen im Spiel ermöglicht uns festzustellen,

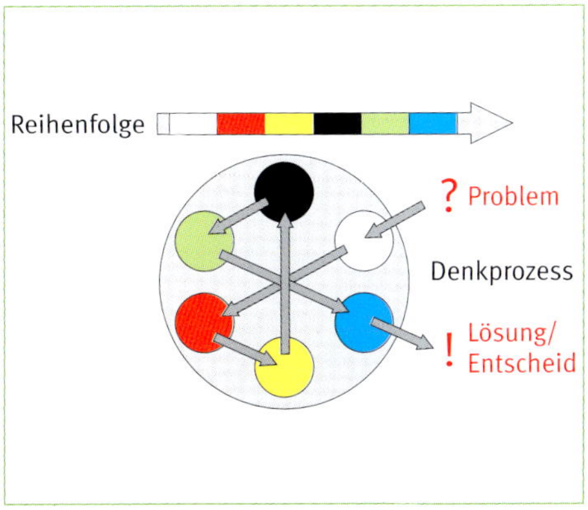


Die Grafik zeigt die Methode Sechs-Farben-Denken als Lernspiel in der Gruppe (nach E. DeBono).

welcher Sichtweise wir normalerweise eher verfallen. Tendieren wir eher zu Bauchentscheidungen (Rot), sind wir oft zu optimistisch unterwegs (Gelb), oder hilft uns manchmal die Kreativität (Grün). Die Sensibilisierung für die eigene Präferenz beim Entscheiden ist der erste Schritt, um allenfalls Korrekturen anzubringen. Ziel ist eine ausgewogene Sichtweise. Bezogen auf unser Lernspiel heißt das, wir wollen **allen Farben ein angemessenes Gewicht** geben.

Als weitere Funktion hilft uns das Sechs-Farben-Denken, um (in einer Gruppe oder alleine) schneller zu einem Entschluss zu kommen. Wir halten uns dabei an die gleiche Reihenfolge wie vorher. Zuerst sprechen wir nur über die Fakten (Weiß), dann sprechen wir nur über die Gefühle (Rot),

**KURZ UND KNAPP**

- Das Sechs-Farben-Denken hilft zu verstehen, wie wir denken.
- Die Sensibilisierung für verschiedene Sichtweisen ist der erste Schritt zur Optimierung der Entscheidungsfindung.
- Die Methode hilft, Themen und Informationen geordnet und strukturiert beurteilen zu können.

Strategien und Maßnahmen helfen die Fehleranfälligkeit zu reduzieren.

dann nur über die positiven Aspekte (Gelb), dann die negativen (Schwarz), dann suchen wir noch eine andere, kreative Lösung (Grün). So beurteilen alle Teilnehmer zur gleichen Zeit das gleiche Thema. Es bewerten z. B. alle zuerst die Verhältnisse (Neuschnee, Einstrahlung etc.) und dann das Gelände (Steilheit, Exposition, Absturzrisiko etc.). Indem die Themen gebündelt diskutiert werden, führt diese Methode zu schnelleren und transparenten Entscheiden.
Genauso hilfreich wie in der Gruppe ist die Methode auch für jeden Einzelnen in Entscheidungssituationen. Wir können damit die Themen und Informationen ordnen und erhöhen damit die Chance, dass wir nichts Wichtiges vergessen haben.

## Die Sicht von außen

Bei schwierigen Entscheidungen hilft oft die Vorstellung der Sicht von außen. Wir versuchen dabei unser Tun und unsere Entscheidungen von außen zu betrachten. Dazu helfen z. B. die Fragen: »Wie würde ich meine Entscheidung dem Staatsanwalt erklären und begründen, wenn es zu einem Unfall käme?« oder »Wie erkläre ich diese Entscheidung meinen Kollegen?« Eine hilfreiche Vorstellung ist auch die eines »Paten«. »Pate« steht in diesem Zusammenhang für einen Bekannten, den wir als erfahrenen Experten und für sein überlegtes Verhalten schätzen. In der Entscheidungssituation überlegen wir uns, wie wohl unser Pate in dieser Situation handeln würde. Oft führt die Sicht von au-

**KURZ UND KNAPP**

Die Sicht von außen liefert meistens konkrete Fakten und führt zu defensiveren Entscheidungen.

ßen zu konkreten Fakten und zu neuen Sichtweisen. Meist folgt dabei defensiveres Verhalten.

## Kommunikation

Kommunikation in der Gruppe ist **das** Mittel, Wünsche und Bedürfnisse kennenzulernen und Ziele und Maßnahmen zu besprechen. Vor der Tour braucht es Informationen über die Vorbereitung, das Programm, die Anforderungen und die Ausrüstung. Informationen über die Länge und die Schwierigkeiten der Tour, das erwartete Wetter und die voraussichtlichen Verhältnisse, den Zeitplan, Umkehrpunkte und mögliche Varianten sollten kommuniziert und besprochen werden. Frühzeitige Informationen über mögliche Änderungen oder Alternativen zum geplanten Programm reduzieren den Druck auf den Leiter oder Führer. Damit sind spätere Entscheidungen leichter zu fällen.

Am Morgen vor dem Start zur Tour ist Kommunikation ebenfalls wichtig. Mit den Fragen **»Was ist das Tagesziel heute? Was ist heute für euch das Wichtigste?«** können wir die Wünsche und Erwartungen besser definieren und dabei die Werte der Gruppe ansprechen. Offene, transparente Kommunikation ist die Basis für ein gutes Gruppenklima und reduziert den Druck auf den Führenden. Auch kritische Bemerkungen müssen erlaubt sein. Unterwegs ist ein Optimum an Kommunikation zu finden. Zu viel Kommunikation kann auch zu Missverständnissen führen. Entschlüsse und Maßnahmen müssen wir klar und unmissverständlich kommunizieren. Wenn wir z. B. einen Hang einzeln befahren wollen, muss dies jedem Gruppenmitglied klar sein.

## Weitere Strategien

Die vorgestellten Strategien zeigen nur einige Beispiele, wie sich die menschliche Fehleranfälligkeit im Lawinengelände reduzieren lässt. Es existieren noch weitere Methoden. Wer im Lawinengelände Entscheide fällen muss, sollte individuelle Taktiken entwickeln, um an Schlüsselstellen eine möglichst objektive Entscheidung zu fällen. Eine wertvolle Hilfe ist es, sich an Entscheidungspunkten einige Minuten Zeit zu nehmen (Time-out). Dies kann durch kurze Pausen oder Zurücktreten geschehen, um sich kurz allein mit der Schlüsselstelle auseinanderzusetzen.

**EXPERTENTIPP**

1. Meine Entscheidungen basieren auf Wissen und Erfahrung, welche ich durch regelmäßige Weiterbildung und durch Reflexion der durchgeführten Touren ständig weiter ausbaue.
2. Detaillierte Tourenplanung mit Alternativen und eine offene Kommunikation in der Gruppe sind Maßnahmen, die mir helfen, nicht in unbequeme/gefährliche Situationen zu geraten. Zudem versuche ich, die Entscheide früh genug und möglichst ohne Stress zu treffen.
3. Die Strategie »Hot and Cold« in Kombination mit der »Bändel 1+«-Methode hilft mir, Sinnestäuschungen und Wahrnehmungsfehler zu reduzieren. Mit dem Sechs-Farben-Denken ordne ich die Informationen und versuche, allen inneren Stimmen Gehör zu geben. Mit der »Sicht von außen« überprüfe ich meine Entscheidungen.

# P Risiko einschätzen – Entscheiden – Verhalten

Von der Planung zu Hause bis zur Abfahrt durch den Tiefschneehang durchlaufen wir verschiedene Phasen, in denen wir die **Verhältnisse**, das **Gelände** und den **Faktor Mensch** immer wieder neu beurteilen. Mit fundierten Entscheidungen und angepasstem Verhalten reduzieren wir das Lawinenrisiko auf ein akzeptables Maß.

Ein Beispiel aus dem Straßenverkehr soll dies verdeutlichen. Nehmen wir an, wir möchten eine Straße überqueren. Bei hohem Verkehrsaufkommen ist das Überqueren der Straße sehr gefährlich (hohe Gefahr), bei wenig Verkehr ist es weniger gefährlich (geringe Gefahr). Überquere ich die Straße bei viel Verkehr, ist das Unfallrisiko grundsätzlich größer als bei wenig Verkehr. Obwohl ich keinen Einfluss auf diese äußeren Rahmenbedingungen habe, kann ich das Risiko durch mein Verhalten steuern. Wenn ich einen günstigen Moment abwarte und zügig die Straße überquere, kann ich das Risiko trotz viel Verkehr auf ein akzeptables Maß reduzieren. Wenn ich hingegen mit geschlossenen Augen und Musik in den Ohren gemütlich über die Straße schlendere, erhöhe ich das Risiko auch bei wenig Verkehr.

In der Lawinenkunde sind die Zusammenhänge viel komplexer als im oben erwähnten Beispiel aus dem Straßenverkehr. Es besteht die Gefahr, in Anbetracht dieser Komplexität den Überblick zu verlieren und vor lauter Bäumen den Wald nicht mehr zu sehen. Wir brauchen daher Hilfsmittel, um bei der Beurteilung der Situation möglichst systematisch und strukturiert vorzugehen. Auf diese Weise können wir unsere Entscheidungen in Risikosituationen stärker auf Fakten abstützen, anstatt uns nur auf unser Bauchgefühl zu verlassen.

Verschiedene Werkzeuge helfen im Lawinengelände, Risiken einzuschätzen und Entscheidungen zu fällen. Mit angepasstem Verhalten kann das Lawinenrisiko zusätzlich reduziert werden.

# Prozessdenken und Risikodenken

## Gefahr und Risiko

Das Risiko für einen Lawinenunfall wird einerseits bestimmt durch die Lawinengefahr und andererseits durch Präsenz und Verhalten der Personen, die sich der Gefahr aussetzen oder ausgesetzt sind. Bei hoher Lawinengefahr ist die Wahrscheinlichkeit eines Lawinenabganges größer als bei tiefer Gefahr. Die Lawinengefahr können wir nicht ändern. Wir können aber unser Verhalten ändern und dadurch das Risiko im Rahmen der vorgegebenen Lawinengefahr reduzieren. Wir versuchen also, das Risiko zu reduzieren, indem wir uns der Gefahr möglichst wenig aussetzen, und zwar durch **Risikomanagement**.

Wie in allen Risikobereichen üblich, muss zuerst die Gefahr beurteilt werden (Gefahrenanalyse), um dann das Risiko für Personen abzuschätzen, z. B. aufgrund von Routenwahl und Verhalten (Risikoanalyse). Um die Gefährlichkeit einer Situation abzuschätzen, hilft Prozessdenken. Die Schlussfolgerungen aus der Gefahrenanalyse fließen dann in das Risikodenken ein.

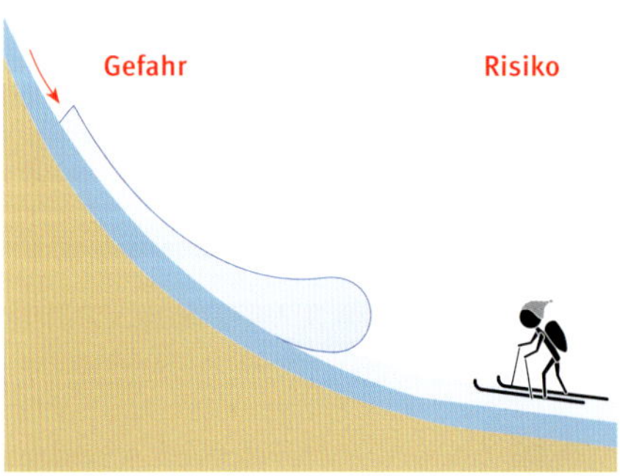


Unterschied zwischen Gefahr und Risiko. Die Lawinengefahr und unser Verhalten beeinflussen das Lawinenrisiko.

## Prozessdenken

Wenn wir wenige Kenntnisse in der Lawinenkunde haben, beurteilen wir die Gefahr hauptsächlich anhand der im Lawinenlagebericht angegebenen Gefahrenstufe. Je mehr Fachwissen wir haben und je mehr Informationen vorhanden sind, umso differenzierter können wir die Gefahr einschätzen, indem wir die an der Lawinenbildung beteiligten Prozesse mit einbeziehen (Prozessdenken). Dabei ist es wichtig, dass wir die Prozesse der Schneebrettauslösung verstehen (siehe Kap. Schneebrettauslösung, S. 32) und wir uns Überlegungen zur Kombination Schwachschicht/Schneebrett machen.

Folgende Fragen stehen im Zentrum:

› Um welche Art von Lawinenproblem handelt es sich?

› Ist eine Schwachschicht vorhanden?

› Um welche Art von Schwachschicht handelt es sich?

› Wo liegt die Schwachschicht (Kap. Schwachschichten, S. 30)?

› Liegt über der Schwachschicht ein geeignetes Schneebrett (Kap. Eigenschaften des Schneebrettes, S. 35)?

› Wie wahrscheinlich ist es, dass ein Wintersportler einen Bruch initiieren kann und sich dieser auch fortpflanzt?

**KURZ UND KNAPP**

»Think like an avalanche.« (Doug Abromeit)
»Denk wie eine Lawine.«
Prozessdenken heißt sich zu überlegen, wie sich eine Schneebrettlawine bildet, und ob bei den aktuellen Verhältnissen die Bedingungen dafür gegeben sind.

Die Beurteilung anhand der vier Muster von typischen Lawinensituationen hilft uns, dieses Prozessdenken zu fördern (Kap. Typische Lawinensituationen – die vier Muster, S. 69).

### Risikodenken

Entscheidungen im Lawinengelände basieren letztlich immer auf Risikoüberlegungen. Das Prozessdenken hilft uns, die Gefahr zu beurteilen und allenfalls zu lokalisieren. Beim Risikodenken überlegen wir uns, welche Konsequenzen die Gefahr für uns als Wintersportler mit sich bringen könnte, und wie wir damit umgehen können, um das Risiko zu reduzieren.

- Wie groß könnte eine potenzielle Lawine werden (Fläche, Anrissmächtigkeit)?
- Könnte mich eine Lawine erfassen?
- Was wären die Konsequenzen einer Erfassung (Absturz, Verschüttung)?
- Welches ist die optimale Route und welches das zweckmäßigste Verhalten, um das Lawinenrisiko auf ein akzeptables Maß zu reduzieren?
- Welches Risiko bin ich bereit einzugehen?

Die Grafische Reduktionsmethode (GRM) (siehe Kap. Grafische Reduktionsmethode, S. 18 u. 158) hilft, das Risikodenken anhand einfacher Faktoren umzusetzen. Die Gefahr, von welcher auszugehen ist, wird durch die Gefahrenstufe definiert. Die GRM zeigt auf, wie wir mit dem Verzicht auf bestimmte Hangneigungen und Expositionen das Lawinenrisiko reduzieren können. Zusätzlich ist das Abwägen von Risiko erhöhenden und Risiko mindernden Faktoren ein wichtiger Bestandteil des Risikodenkens (siehe Kap. Risikofaktoren, S. 162).

## Beurteilungs- und Entscheidungsrahmen 3x3

Als Grundlage für die Beurteilung der Lawinengefahr hat sich das System 3x3 von Werner Munter bewährt. Unter dem Begriff 3x3 versteht man die Einordnung von Informationen und Beobachtungen in die drei Kategorien **Verhältnisse, Gelände** und **Mensch** in den drei Phasen **Planung, Beurteilung vor Ort** und **Einzelhang**.

In jeder dieser Phasen werden Entscheidungen getroffen, um risikoreiche Situationen zu verhindern. Wir filtern in jeder Phase einen Risikoanteil weg, bis nach der Beurteilung am Einzelhang ein akzeptables Restrisiko übrig bleibt. Deshalb spricht man beim 3x3 oft auch von einer Filtermethode. Innerhalb des 3x3-Schemas unterstützen uns die Beurteilungshilfen GRM, Muster und Risikofaktoren in unterschiedlicher Art und Weise (siehe Kap. Beurteilungshilfen, S. 157). Während der Planung ist der Stellenwert der GRM höher als derjenige der Muster, weil wir in der Planungsphase meistens noch zu wenige Informationen zu den Mustern haben. Im Einzelhang ist dies umgekehrt.

### Planung – Tourenziel mit Alternativen und Zeitplan

Bei der Tourenplanung sind wir größtenteils auf Fremdinformationen angewiesen (Lawinenlagebericht, Wetterbericht, Karte). Wir müssen entscheiden, welche Tour möglich und sinnvoll ist. Dabei sind folgende Fragen wichtig:

- Welches Tourengebiet eignet sich bei den gegebenen Lawinen- und Wetterverhältnissen am besten?

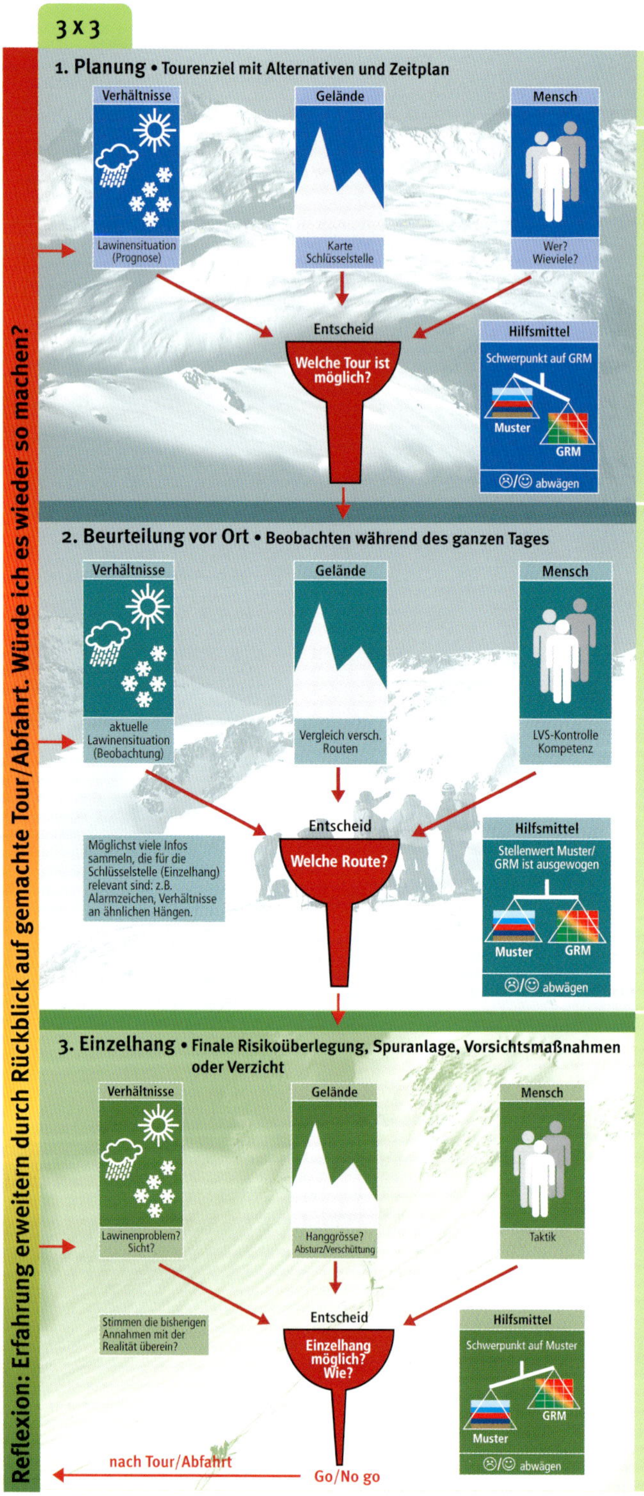


## Verhältnisse

- Lawinenlagebericht
- Hauptgefahr?
- Wetterprognose
- Tourenberichte im Internet (mit Vorsicht!)
- Weitere Quellen (z.B. Hüttenwarte)

- Stimmen Verhältnisse mit der Tourenplanung überein?
- Alarmzeichen suchen
- Muster?
- Kritische Neuschneemeng
- Frischer Triebschnee?
- Allg. Schneeverhältnisse? (Schneemenge, Schneedeckenaufbau)
- Wetter (aktuell und Tendenz)

- Lawinenproblem im Hang (Muster)?
- Neuschnee
- Triebschnee
- Schneedeckenaufbau
- Sonneneinstrahlung
- Sicht
- Häufig befahren

| Gelände | Mensch |
|---|---|
| • Routenverlauf mit Karte planen (1:25000)<br>• Führerliteratur<br>• Eigene Geländekenntnisse<br>• Schlüsselstellen suchen und diese beurteilen bezügl. Neigung, Exposition und Höhenlage. | • Wer kommt mit?<br>• Gruppengröße<br>• Verantwortung<br>• Erwartungen der Gruppe<br>• Ausrüstung<br>• Technik und Kondition |
| • Entspricht Gelände den Vorstellungen?<br>• Einblick in Schlüsselstellen?<br>• Routenverlauf und mögliche Alternativen<br>• Vorhandene Spuren im Gelände? | • LVS-Kontrolle<br>• Material überprüfen<br>• Wer ist in der Gruppe?<br>• Wie ist mein Befinden und das der Gruppenmitglieder<br>• Zeitplan<br>• Wahrnehmungsfallen<br>• Andere Gruppen |
| • Steilheit (wo am flachsten?)<br>• Exposition und Höhenlage (günstig/ungünstig)<br>• Geländeform<br>• Konsequenzen bei Lawinenauslösung (Größe, Absturz, Felsen, Bäume, Verschüttung)<br>• Spuranlage | • Leistungszustand optimal?<br>• Fakten ←→ Gefühle<br>• Taktik (Abstände, einzeln fahren, anhalten auf »sicheren Inseln«, Korridor)<br>• Kommunikation<br>• Führung<br>• Disziplin |

### KURZ UND KNAPP

› Eine gute Tourenplanung ist die Basis für ein erfolgreiches Bergerlebnis.
› Nicht das Tourenprogramm oder die Wünsche der Teilnehmer bestimmen das Tourenziel, sondern die Lawinen- und Wetterverhältnisse.

### EXPERTENTIPP

Nebst dem Lawinenlagebericht bieten Messdaten von automatischen Messstationen und Webcams oft wertvolle Zusatzinformationen. Weitere nützliche Planungshilfen für die Schweizer Alpen und Tirol sind die Wochenberichte des SLF (www.slf.ch) und des Lawinenwarndienstes Tirol (http://lawine.tirol.gv.at/). Diese bieten eine gute Zusammenfassung des Wetter- und Lawinengeschehens der vergangenen Woche.
Einträge auf Community-Plattformen (z. B. www.skitouren.ch, http://www.dav-community.de) können Hinweise zu den Verhältnissen geben, die für die Tourenplanung nützlich sein können. Sie müssen jedoch mit Vorsicht beurteilt werden, da die Einschätzungen subjektiv sind.

› Welche Touren sind unter welchen Voraussetzungen möglich?
› Entsprechen diese Touren dem Können und den Erwartungen der Tourenteilnehmer?
› Wie sieht der Zeitplan aus?
› Gibt es vor Ort Alternativen zum geplanten Tourenziel?

Um diese Fragen zu beantworten, werden möglichst viele Informationen über die Lawinen- und Wetterverhältnisse, das Gelände und die Teilnehmer (Faktor Mensch) eingeholt.
Über die **Lawinen- und Wetterverhältnisse** geben der Lawinenlagebericht (Webadressen der Lawinenwarndienste, siehe Kap. Lawinenlagebericht, S. 104), die Wettervorhersagen und evtl. Personen vor Ort Auskunft. Die wichtigsten Informationen, die wir für die Planung aus diesen Informationsquellen sammeln, sind:

Eine seriöse Tourenplanung hilft, unangenehme Entscheidungssituationen im Gelände zu verhindern.

› Lawinengefahrenstufe (Gebiet, Expositionen, Höhenlage)
› Gründe für die prognostizierte Lawinengefahr (Muster der typischen Lawinensituation)
› Entwicklung der Lawinengefahr in den vergangenen Tagen, Tendenz für die nächsten Tage
› Wetter im Tourengebiet in den vergangenen Tagen, aktuelles Wetter und Prognosen für die folgenden Tage

Die wichtigsten Informationen über das **Gelände** entnehmen wir Karten und Führerliteratur und ergänzen diese durch eigene Geländekenntnisse, oder durch Informationen von Dritten, welche die Tour kennen. Es sind dabei folgende Punkte wichtig:

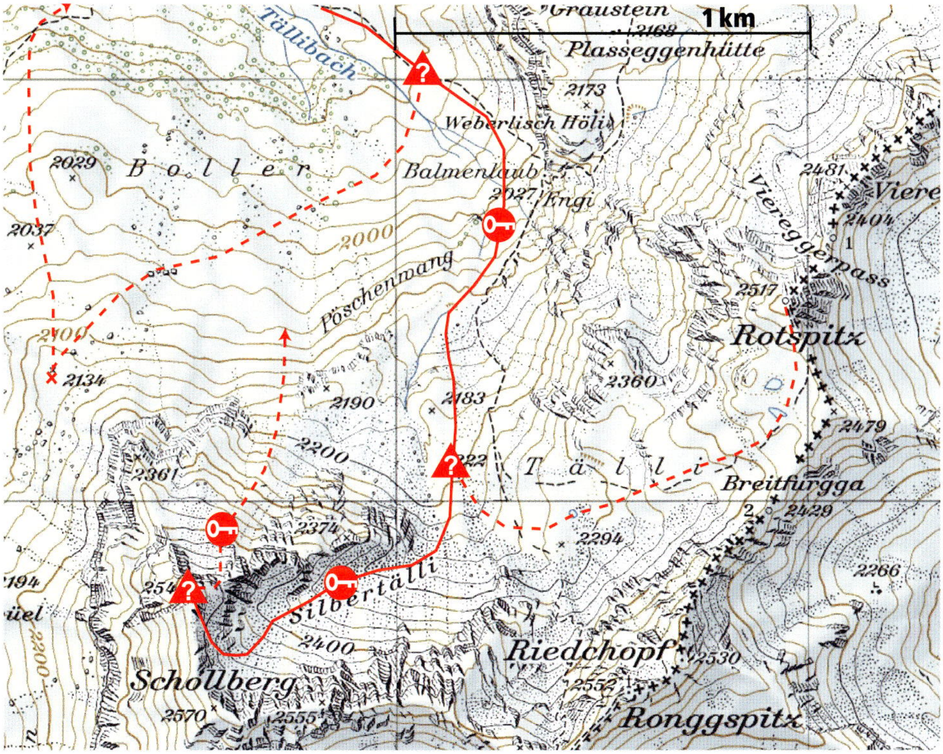


Geplante Route (ausgezogen) mit Schlüsselstellen und Entscheidungspunkten. Mögliche Alternativen sind gestrichelt. Reproduziert mit Bewilligung von swisstopo (BA11018)

› **Routenverlauf** mit der Karte planen und allenfalls einzeichnen. Es empfiehlt sich, dafür Karten im Maßstab 1:25000 zu verwenden. Skitourenkarten (1:50000) sind als Übersichtskarten sehr gut geeignet, nicht jedoch zur detaillierten Tourenplanung.

› **Schlüsselstellen** erkennen (Steilhänge, Absturzgelände etc.).

› **Steilheit** der Schlüsselstellen messen.

## PLANUNGSHILFEN IM INTERNET

| Was | Wo |
|---|---|
| Landeskarte im Maßstab 1:25000 mit möglicher Einfärbung von Hangneigungen | |
| Schweiz | www.mapplus.ch sowie map.geo.admin.ch |
| Österreich | http://lawine.tirol.gv.at/zusatzinfo/gelaendeneigungen/ |
| Formular zur Tourenplanung | www.sac-cas.ch (»Tourenplanung« in Suchfeld eingeben) |
| Community-Plattformen | www.skitouren.ch<br>www.skirando.ch<br>www.gipfelbuch.ch<br>www.alpine-auskunft.at |

› **Exposition** und **Höhenlage** der Schlüsselstellen mit den Angaben im Lawinenlagebericht vergleichen.
› **Entscheidungspunkte** definieren und Alternativen planen. Wenn wir **vor** Schlüsselstellen eine gute Alternative bereithaben, fällt uns eine objektive Entscheidung leichter.

Die Steilheit von Schlüsselstellen messen wir mit einem Hangneigungsmesser anhand der Abstände zwischen den Höhenlinien in der Karte (siehe Kap. Hangneigung messen und schätzen, S. 123).
Zum Faktor **Mensch** sollten folgende Fragen geklärt werden:
› Wie viele Personen kommen mit?
› Welche Tourenwünsche und Erwartungen bringen die Teilnehmer mit?
› Entspricht die geplante Tour dem Können und der Verfassung der Gruppenmitglieder?
› Wer trägt die Verantwortung?
› Welche Ausrüstung ist für diese Tour notwendig?

Bei der Planung hat die GRM den größten Stellenwert unter den Hilfsmitteln. Es lohnt sich jedoch auch schon in der Planungsphase zu überlegen, welches Muster von typischen Lawinensituationen am ehesten vorkommt.

## Beurteilung vor Ort – beobachten während des ganzen Tages

Im Gelände angelangt, erfolgt als Erstes die LVS-Kontrolle. Unterwegs sollten wir die Möglichkeit nutzen, laufend eigene Beobachtungen zu machen und die Vorstellungen aus der Planungsphase mit der Realität zu vergleichen. Dadurch verfeinert sich unser Bild der Lawinensituation.

**KURZ UND KNAPP**

Nebst der Neubeurteilung der Lawinen- und Wetterverhältnisse sind vor dem Entscheid für eine bestimmte Route die Erwartungen der Teilnehmer zu klären.

**KURZ UND KNAPP**

Unterwegs sind Verhältnisse, Gelände und der Faktor Mensch laufend zu beobachten und in Bezug auf das Lawinenrisiko zu beurteilen.

Es sind folgende Fragen von Bedeutung:
› Stimmen die Lawinen- und Wetterverhältnisse, das Gelände, das Können und die Verfassung der Teilnehmer mit den Annahmen der Tourenplanung überein, oder sind sie anders als erwartet?
› Welche Beobachtungen könnten für die Schlüsselstelle(n) relevant sein?
› Was ist heute das Hauptproblem (Muster, Wetter, Teilnehmer etc.) ?
› Ist die geplante Tour bei diesen Verhältnissen sinnvoll und mit diesen Teilnehmern machbar, oder gibt es bessere Alternativen?

Das Beobachten und Sammeln von Informationen geschieht laufend während des ganzen Tages. Unsere »Fühler« sind ständig aktiv. Es kann sein, dass die lawinenrelevanten Anzeichen erst ab einer gewissen Höhenlage vorkommen.

Wichtige Kriterien für die Beurteilung sind:
› allgemeine Schneeverhältnisse: viel oder wenig Schnee, vergangene Witterung (Schneefall- oder Trockenperioden), Einsinktiefe
› aktuell und kürzlich gefallene Niederschläge (kritische Neuschneemenge)

8:45 Uhr: Standort auf rund 2200 m im Aufstieg. Schönes Wetter, lockere Schneeoberfläche mit Oberflächenreif versprechen einen wunderbaren Tourentag. Die im Lawinenlagebericht prognostizierte Gefahrenstufe mäßig (Stufe 2) wird durch den ersten Eindruck bestätigt.

11:15 Uhr ca. 2850 m: Der Wind nimmt zu. Die Schneeoberfläche ist nicht mehr locker, sondern besteht nun aus gebundenem Triebschnee.

11:30 Uhr, Gipfel Gemsfairenstock, 2970 m: Über den hohen Gipfeln liegt eine Föhnwalze mit starken Winden.

15:00 Uhr: Auslösung einer Schneebrettlawine, die aber nicht abgleitet, da das Gelände sofort wieder flacher wird. Anrissmächtigkeit: ca. 50 cm.

› Alarmzeichen suchen (Wumm-Geräusche hören wir kaum in einer bestehenden Aufstiegsspur; mit einem Fernglas können wir Lawinen besser beobachten)
› kürzlich oder aktuell gebildete Triebschneeansammlungen (Windspuren auf der Schneeoberfläche, Windfahnen auf Gipfeln und Graten)
› Temperaturänderungen, die die Schneedecke beeinflussen könnten
› Sichtverhältnisse
› Zeitplan, Verfassung und Können der Gruppenmitglieder
› andere Personen, vorhandene Spuren

Mit zunehmend besseren Informationen im Gelände steigt der Stellenwert der Muster als Hilfsmittel zur Beurteilung gegenüber der GRM.

Wie sich die Lawinengefahr innerhalb weniger Stunden markant verändern kann, zeigt das folgende Beispiel einer Skitour auf den Gemsfairenstock in den Glarner Alpen am 24. Februar 2005 (siehe Abbildungen oben).

› Lawinenlagebericht: mäßige Lawinengefahr an Steilhängen aller Expositionen oberhalb von 1800 m.
› Wetterbericht: recht sonnig, Lufttemperatur auf 2000 m: –13 °C, Wind auf 2000 m aus Süd 10–15 km/h, und auf 3000 m aus

Süd 20–30 km/h (Angaben aus Alpenwetterbericht MeteoSchweiz).

Der positive Eindruck am Morgen musste während des Tages aufgrund folgender Beobachtungen revidiert werden:

- sichtbare Triebschneebildung am Grat
- Alarmzeichen: Rissbildung, Schneebrettauslösung
- Veränderung des Schnees beim Spuren von locker zu brettartig
- tatsächliches Wetter nicht wie vom Wetterbericht angesagt

In den höheren Lagen herrschte ein akutes Triebschneeproblem. Die Tourengeher mussten die Gefahrenstufe bei der lokalen Beurteilung von mäßig (Stufe 2) auf erheblich (Stufe 3) ändern. Entsprechend machten sie nicht wie geplant eine Überschreitung, sondern fuhren entlang der Aufstiegsroute ab. Zurück auf 2200 m lag der Oberflächenreif nach wie vor vom Wind unbeeinflusst locker auf der Schneeoberfläche.

**KURZ UND KNAPP**

Im Einzelhang stellen sich die folgenden Fragen:

- Was ist das Hauptproblem im Hang (Muster), und wie wahrscheinlich ist eine Lawinenauslösung?
- Können wir das Lawinenrisiko genügend gut abschätzen?
- Was wären die Konsequenzen einer Lawinenauslösung?
- Welche Spuranlage und Verhaltensmaßnahmen sind angebracht, um das Lawinenrisiko auf ein akzeptables Maß zu reduzieren?
- Wie ist mein Befinden?

Vor Schlüsselstellen müssen wir entscheiden, ob wir den Hang begehen oder ob eine Alternative mit kleinerem Lawinenrisiko infrage kommt. Falls wir den Hang begehen, müssen wir entscheiden, welche taktischen Maßnahmen wir dabei ergreifen.

## Einzelhang – finale Risikoüberlegungen, Spuranlage, Taktik

An Schlüsselstellen gilt es, den Einzelhang zu beurteilen und schließlich zu entscheiden, ob und allenfalls wie der Hang begangen werden soll (go or no go). Auch wenn wir uns in den beiden vorangegangenen Filtern (Planung und Beurteilung vor Ort) fundiert für eine bestimmte Tour entschieden haben, kann es an der Schlüsselstelle im Einzelhang immer wieder vorkommen, dass wir uns nun für eine Umkehr aussprechen müssen. Wenn wir Alternativen geplant haben, fallen uns solche Entscheidungen weniger schwer.

Die Informationen aus der Tourenplanung und die eigenen Beobachtungen während des ganzen Tages bilden die Basis für die Beurteilung und Entscheidung im Einzelhang. Auf dieser Basis sind die zusätzlichen hangspezifischen Faktoren zu berücksichtigen, um das Lawinenrisiko abzuschätzen und schließlich zu entscheiden, ob und wie der Hang begangen werden kann.

Im Einzelhang sind folgende Fragen zu Verhältnissen, Gelände und dem Faktor Mensch wichtig:

**Verhältnisse:**

› Was ist das Lawinenproblem (Beobachtungen während des Tages)?

› Wie viel Neuschnee ist gefallen?

› Wie viel Triebschnee (Alter?) ist zu erwarten?

› Mit welcher Art von Schneedeckenaufbau ist zu rechnen?

› Führt intensive Strahlung zu einer Erwärmung oder Anfeuchtung der Schneedecke?

› Ist der Hang häufig befahren?

› Wie ist die Sicht? Können das Gelände und allfällige Schneestrukturen überhaupt beurteilt werden?

**EXPERTENTIPP**

Für die Beurteilung und Entscheidung am Einzelhang können wir uns zur Veranschaulichung ein **Mosaikbild der Lawinensituation** vorstellen. Falls wir genügend »Informationssteine« haben und diese zusammenpassen, erkennen wir ein Bild. Die Situation ist fassbar und die Entscheidung wird somit einfacher. Passen die Steine nicht zusammen, d. h. sind die vorhandenen Informationen widersprüchlich oder sind zu wenige Steine da, ist das Bild nicht erkennbar. Bei einem zu unscharfen oder lückenhaften Bild können wir die Situation schlecht erfassen. Die beste Taktik ist dann defensives Verhalten.

**KURZ UND KNAPP**

Am Einzelhang können Entscheidungen nicht auf später aufgeschoben werden, sondern es gilt die wesentlichsten Schlüsselfaktoren zu kombinieren und dann zu entscheiden. Mit einer seriösen Tourenplanung können unangenehme Entscheidungssituationen bereits in der Planungsphase herausgefiltert werden.

**Gelände:**

› Wie steil ist der Hang? Gibt es Möglichkeiten, die steilsten Stellen zu umgehen?

› Wie groß ist der Hang?

› Gibt es rückenartige Geländeformen, die eine günstigere Routenwahl ermöglichen?

› Befinde ich mich in einer Geländefalle (am Hangfuß, in Mulde etc.) ?

› Gibt es Bereiche, wo eine Lawinenauslösung weniger wahrscheinlich ist (z. B. abgeblasene Stellen oder schneereiche Stellen bei Altschneeproblem)?

› Was wären die Folgen einer Lawinenauslösung (Absturz, Verschüttung, Bäume, Felsblöcke)?

› Wie kann die Spur optimal angelegt werden?

› Spielt die Exposition eine Rolle?

Durch angepasste Taktik und geeignete Spuranlage kann das Lawinenrisiko im Einzelhang reduziert werden.

**Mensch:**

› Bin ich in einer guten Verfassung, um schwierige Entscheidungen objektiv zu treffen?

› Kann ich meinen Leistungszustand noch verbessern? (z. B. mit »Bändel 1+«, siehe S. 139)

› Habe ich genügend Informationen für eine gute Entscheidung?

› Kann ich die Entscheidung begründen? (z. B. Sicht von außen, S. 142)

› Existiert eine Wahrnehmungsfalle? (siehe Kap. Wahrnehmungsfallen, S. 132)

› Würde ich den Hang auch begehen oder befahren, wenn ich ganz alleine wäre?

Die Muster von typischen Lawinensituationen erhalten im Einzelhang einen hohen Stellenwert. Zusätzlich ist das Abwägen von Risiko erhöhenden und Risiko mindernden Faktoren bedeutend. Für erfahrene Personen, die eine solch differenzierte Betrachtung des Einzelhanges vornehmen können, ist die Grafische Reduktionsmethode (GRM) weniger bedeutungsvoll, als Ergänzung aber hilfreich. Für wenig erfahrene Personen bietet die GRM mit ihren wenigen kombinierten Faktoren auch im Einzelhang eine wesentliche Hilfe. Bei einer alleinigen Abstützung auf die GRM ist der Spielraum für Tourenmöglichkeiten meistens kleiner (grüner Bereich) als bei einer differenzierten Beurteilung auf der Basis des Prozessdenkens.

## Tourenauswertung (Reflexion)

Zu einer guten Tourenplanung vor der Tour gehört auch eine seriöse Tourenauswertung nach der Tour. Nach jedem Touren- oder Freeridetag blicken wir auf die vergangenen Erlebnisse zurück. So verarbeiten wir unsere Erlebnisse und können sie in Erfahrung umwandeln. Damit schaffen wir eine bessere Ausgangslage für die nächste Tour oder Variantenabfahrt. Mit einer einfachen Checkliste können wir die Tour wirkungsvoll analysieren. Weitere Informationen zur Tourenauswertung enthält das Kapitel Reflexion, S. 137.

**EXPERTENTIPP**

**Checkliste für die Tourenauswertung:**

1. Gab es gefährliche Situationen? Wären diese vorhersehbar gewesen, oder hätte man sie vermeiden können?
2. Gab es Überraschungen? War etwas anders als erwartet bezüglich Verhältnisse, Gelände und Mensch?
3. Waren die getroffenen Entscheidungen im Nachhinein betrachtet richtig und erfolgten sie zur richtigen Zeit?
4. Was würde ich nächstes Mal anders machen?

## Beurteilungshilfen

Innerhalb des 3x3 benützen wir verschiedene Hilfsmittel, um die Lawinengefahr zu beurteilen und das Lawinenrisiko abzuschätzen. Schauen wir bildlich gesprochen durch die GRM-Brille (GRM = Grafische Reduktionsmethode), so beurteilen wir das Lawinenrisiko aufgrund der Lawinengefahrenstufe, Hangneigung und Exposition. Wir kombinieren immer die gleichen Faktoren, und das Prozessdenken beschränkt sich auf die Gefahrenstufe. Anders ist es mit der Muster-Brille. Hier betrachten wir das Lawinenrisiko aus der Sicht des Lawinenproblems und demzufolge mehr prozessorientiert. Es sind je nach Situation andere Faktoren zu kombinieren, z. B. frischer Triebschnee und Muldenlagen oder ein Altschneeproblem und schneearme Stellen. Beide Sichtweisen ergänzen sich und müssen vor allem im Einzelhang durch

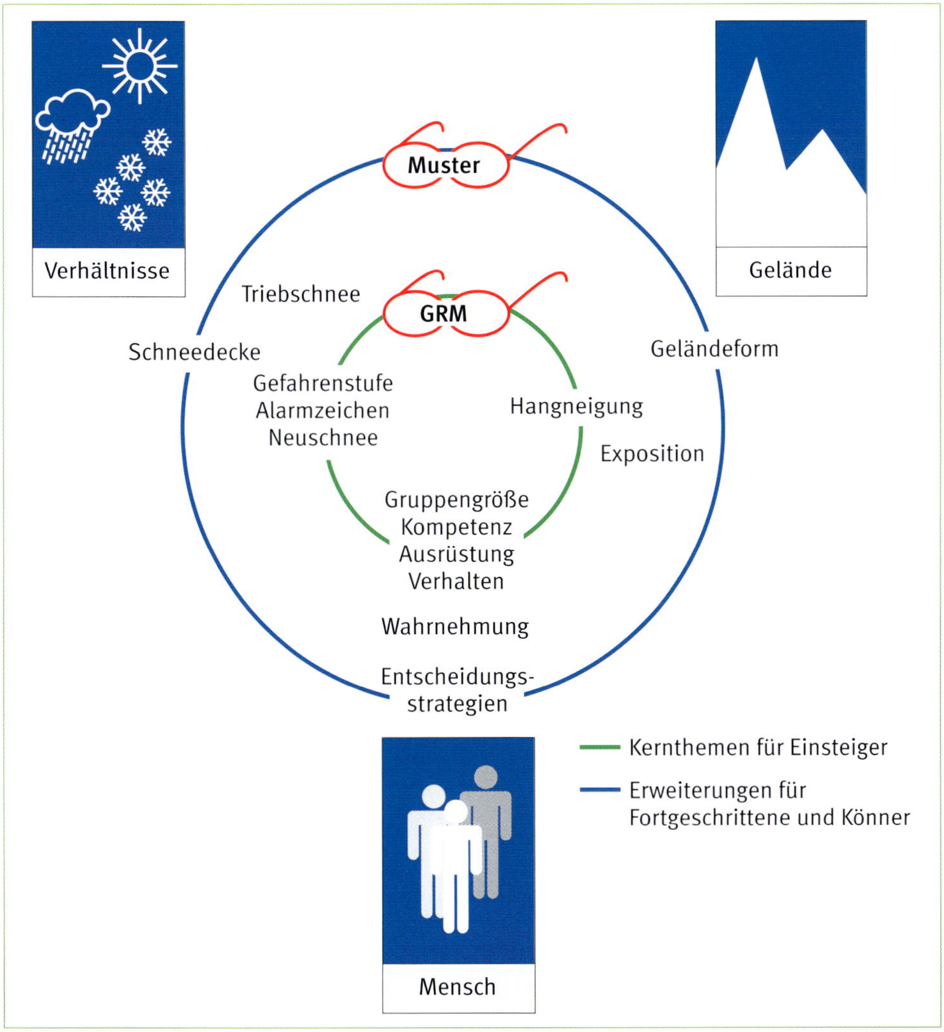


Wichtige Faktoren und Beurteilungshilfen für den Umgang mit dem Lawinenrisiko. Je weiter außen, umso mehr Erfahrung ist nötig.

Abwägen allgemeiner Risikofaktoren erweitert werden.

Die Abbildung auf Seite 157 stellt die Wichtigkeit einiger Faktoren der Kategorien Verhältnisse, Gelände und Mensch für verschiedene Ausbildungsstufen dar. Der grüne Ring bildet den für Einsteiger relevanten Kern. Der äußere blaue Ring symbolisiert Erweiterungen für Fortgeschrittene und Könner.

## Grafische Reduktionsmethode (GRM)

Die Grafische Reduktionsmethode basiert auf der von Werner Munter entwickelten Reduktionsmethode. Unter den mittlerweile vielen verschiedenen Abwandlungen der ursprünglichen Reduktionsmethode hat sich die Grafische Reduktionsmethode in der Schweiz etabliert. Sie kann mit Bandbreiten und Zwischenstufen umgehen, wird allen Niveaustufen gerecht und ist einfach anwendbar. Als Abwandlungen der ursprünglichen Reduktionsmethode gelten in Deutschland die »Snow Card«- und in Österreich die »Stop or go«-Methode.

Mit der Grafischen Reduktionsmethode können wir einen einfachen **Risiko-Check** durch Kombinieren von Lawinengefahrenstufe, Hangneigung und Exposition (günstig/ungünstig) durchführen. Die farbige Grafik in der Abbildung zeigt das Lawinenrisiko (grün, orange, rot) in den **ungünstigen Expositionen**. Häufig ungünstige Expositionen sind:

- Schattenhänge
- Triebschneehänge
- allgemein Hänge der Exposition und Höhenlage, die bei der Beschreibung der Gefahrenstufe im Lawinenlagebericht speziell erwähnt sind

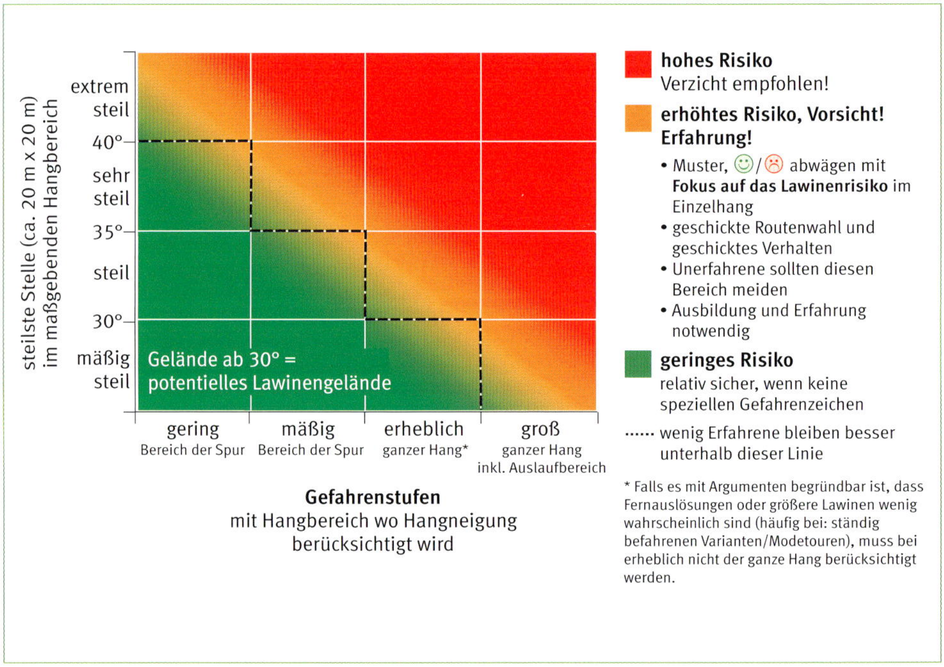


Die Grafische Reduktionsmethode (GRM) bietet einen einfachen Risiko-Check durch die Kombination von Lawinengefahrenstufe und Hangneigung in den ungünstigen Expositionen.

Wenn wir aufgrund mangelnder Beobachtungen oder Informationen keine Unterscheidung in günstige und ungünstige Hänge machen können oder der Lawinenlagebericht keinen Unterschied macht, nehmen wir alle Expositionen als ungünstig an. Gibt es einen Unterschied, so können wir in den günstigen Expositionen und Höhenlagen in der Regel die nächsttiefere Gefahrenstufe annehmen. Die Hangexpositionen und Höhenlagen, die im Lawinenlagebericht nicht erwähnt werden, weisen meistens etwas bessere Verhältnisse auf (oft in der Größe einer Gefahrenstufe, manchmal mehr, manchmal auch weniger, vgl. dazu Kap. Gefahrenstufen und Lawinenlagebericht, S. 97).

Personen mit wenig Erfahrung können auch im Einzelhang mit der GRM entscheiden. Sie bleiben besser im **grünen Bereich** und beschränken sich bei offensichtlichen Anzeichen für Lawinengefahr wie Alarmzeichen oder viel Neuschnee auf mäßig steiles Gelände (< 30°). Personen mit mehr Erfahrung bietet die GRM eine gute Planungshilfe. Im Gelände werden erfahrene Personen die Entscheidungen vermehrt auf der Basis der eigenen Beobachtungen mithilfe der Mustererkennung und erweitertem Risikodenken treffen.

**Am zuverlässigsten ist die GRM** bei Neuschneesituationen. Bei Triebschnee und Nassschneesituationen ist sie weniger hilfreich, weil bei diesen Situationen die Geländeform und Exposition wichtiger sind als die Hangneigung. Bei Altschneesituationen ist die GRM teils nützlich.

## Typische Lawinensituationen (Muster)

Die vier Muster typischer Lawinensituationen helfen, die Denkweise und Beurteilung auf das Lawinenproblem zu fokussieren. Die Gefahrenstufe tritt zugunsten des Prozessdenkens in den Hintergrund. Die Frage ist nun: **»Was ist für die Auslösung einer Lawine notwendig?«** Die Muster helfen, die komplexen Zusammenhänge zwischen den lawinenbildenden Faktoren zu strukturieren und wesentliche Lawinenprobleme wiederzuerkennen. Die Muster Neuschnee, Triebschnee, Nassschnee und Altschnee werden im Kapitel Typische Lawinensituationen – die vier Muster, S. 69 detailliert beschrieben.

Der Muster-Analyser hilft, nach der Wiedererkennung eines oder mehrerer Muster die wichtigen Faktoren für die aktuelle Situation zu finden. Mithilfe dieser Faktoren wird das Lawinenproblem dann eingeschätzt. Für jeden Punkt gilt es zu beurteilen, ob der Einfluss auf die Lawinengefahr eher günstig (grün) oder eher ungünstig (rot) ist.

Nach der Beurteilung der verschiedenen Punkte kann für das gewählte Muster etwa abgeschätzt werden, wie gravierend es ist. Liegen viele Beurteilungen bei Orange oder Rot, ist das entsprechende Lawinenproblem eher gravierend.

Große Gegensätze (z. B. gleichzeitig grüne und rote Beurteilungen), oder fehlende Beurteilungen deuten auf eine unklare und schwierig zu beurteilende Situation hin. Wir sollten uns dann defensiv verhalten.

### KURZ UND KNAPP

Die vier Muster schärfen den Blick für die wichtigsten Schlüsselfaktoren. Dabei stehen folgende Fragen im Vordergrund:

- Was ist heute das Hauptproblem?
- Wo ist es vorhanden?
- Wie gravierend ist es?

### Neuschnee

→ **defensiv oder abwarten**

**1–3 Tage**

**typische Anzeichen**
- kritische Neuschneemenge erreicht
- Alarmzeichen (v.a. frische Schneebrettlawinen)

**typische Verbreitung**
- Verbreitung der Gefahrenstellen meist flächig
- in der Höhe oft kritischer

**Hinweis**
- wenig Umgehungsmöglichkeiten
- GRM: nützlich

### Triebschnee

→ **umgehen**

**1–2 Tage**

**typische Anzeichen**
- Windzeichen
- kann hart oder weich sein
- unregelmäßige Einsinktiefen beim Spuren
- gebundener Schnee
- Alarmzeichen (v.a. frische Schneebrettlawinen, Rissbildung)

**typische Verbreitung**
- im Windschatten (Geländebrüche, Mulden)
- häufig in höheren Lagen und Kammlagen
- auf kleinem Raum stark unterschiedlich

**Hinweis**
- evtl. Umgehung möglich
- frischer Triebschnee oft ab 30° heikel
- GRM: wenig nützlich

### Nassschnee

→ **früh zurück oder abwarten**

**Stunden**

**typische Anzeichen**
- Regen
- fehlende Abstrahlung
- hohe Temperatur/starke Sonneneinstrahlung
- große Einsinktiefen
- spontane Lawinen (Schneebrett-/Lockerschneelawinen

**typische Verbreitung**
- unterschiedliche Expositionen und Höhenlagen (abhängig von Jahres- und Tageszeit)
- oft in der Nähe von wärmenden Felsen

**Hinweis**
- Tour frühzeitig beenden
- Abkühlung abwarten
- Vorsicht vor großen Spontanlawinen
- GRM: wenig nützlich

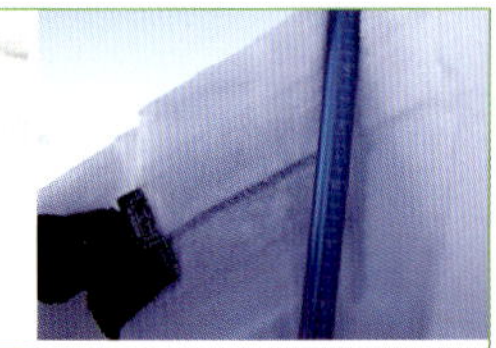

### Altschnee

→ **defensiv**

**Tage bis Wochen**

**typische Anzeichen**
- schwacher Schneedeckenaufbau
- Alarmzeichen (v.a. Wumm)

**typische Verbreitung**
- schneearme Regionen/Stellen
- Geländeübergänge (z.B. von flach zu steil oder Randbereich von Mulden)
- felsdurchsetztes Gelände
- häufig Nordhänge

**Hinweis**
- einfache Schneedeckentests können nützlich sein
- schwierig erkennbar
- Infos zur Schneedecke im Bulletin hilfreich
- GRM: defensiv anwenden

Zusammenfassung der vier Muster typischer Lawinensituationen.

**Muster-Analyser:** **WAS** ist heute das Hauptproblem? **WO** ist es vorhanden? **WIE** gravierend ist es ?

### Neuschnee

mehr als 10 cm Neuschnee in den letzten 1 bis 3 Tagen

| | | | | |
|---|---|---|---|---|
| Neuschneemenge (cm) | | 10–20 | 20–40 | >40 |
| Intensität (72h/48h/24h) | | | | |
| Wind während oder kurz nach Neuschnee | nein | | | ja |
| Kalt auf Warm oder von Kalt in Warm übergehend | | | | |
| Verbindung zum Altschnee | | | | |
| Eigenschaft des Neuschnees | locker | | | brettartig |
| Alarmzeichen | keine | | | oft |

**Beurteilung Neuschneeproblem**

- Gibt es Unterschiede in Exposition oder Höhenlage?
- Hat es weiter unten in der Schneedecke ungünstige Schichten? (weich/großkörnig) ⟶ Altschnee
- **Wo ist das Neuschneeproblem vorhanden?**

### frischer Triebschnee

Triebschneebildung in den letzten 1 bis 2 Tagen

| | | | | |
|---|---|---|---|---|
| Alter in Tagen (falls älter als 2 Tage Altschnee beachten!) | | 2–3 | 1–2 | 0–1 |
| Triebschneemenge (cm) | | 5–10 | 10–40 | >40 |
| Temperatur (allgemein) | warm | | | kalt |
| Verbindung zum Altschnee | | | | |
| Verbreitung | kleinräumig | | | großflächig |
| Alarmzeichen | keine | | | oft |

**Beurteilung Triebschneeproblem**

- Gibt es Unterschiede in Exposition oder Höhenlage oder Geländeform?
- Hat es weiter unten in der Schneedecke ungünstige Schichten? (weich/großkörnig) ⟶ Altschnee
- **Wo ist der frische Triebschnee vorhanden?**

### Nassschnee

Regen oder Anfeuchtung der Schneeoberfläche

| | | | | |
|---|---|---|---|---|
| Regen | kein | | schwach | stark |
| Durchfeuchtung der Schneeoberfläche (cm) | 0 | 0–1 | 1–5 | >5 |
| Einsinktiefe (ohne Ski) | klein | | | groß |
| deutliche Schichtgrenzen (kleinkörnig auf großkörnig) | nein | | | ja |
| allg. Schneedeckenaufbau | | | | |
| Härte der Basisschichten | 1 Finger | | | Faust |
| Alarmzeichen | keine | | | oft |

**Beurteilung Nassschneeproblem**

- Gibt es Unterschiede in Exposition oder Höhenlage?
- **Wo ist das Nassschneeproblem vorhanden?**

### Altschnee

seit 3 oder mehr Tagen keine Veränderung durch:
- Neuschnee
- frischen Triebschnee
- Regen oder Schmelze

| | | | | |
|---|---|---|---|---|
| allg. Schneemengen | viel | | | wenig |
| Schneedeckentests | | | | |
| Schneedeckeninfos aus dem Lawinenbulletin | | | | |
| Schneedeckenaufbau (Schichtung) | | | | |
| Durchbrechen durch härtere in weichere Schicht | nie | | | oft |
| Alarmzeichen | keine | | | oft |

**Beurteilung Altschneeproblem**

- Gibt es Unterschiede in Exposition oder Höhenlage oder Geländeform?
- **Wo ist das Altschneeproblem vorhanden?**

günstig bis ungünstig — teilweise durch Überschriften ergänzt (z.B. bei Alarmzeichen: keine bis oft)

Muster-Analyser als Checkliste bei der Beurteilung der vier Muster im Gelände. Die Farben gehen von Grün (günstig) zu Rot (ungünstig), teilweise ist die Bedeutung mit Überschriften ergänzt (z. B. keine bis oft).

## Risikofaktoren

Neben Gefahrenstufe, Hangneigung, Exposition, Höhenlage und Muster müssen weitere wichtige Faktoren für die Beurteilung des Lawinenrisikos berücksichtigt werden. Diese Faktoren sind häufig auch Schlüsselfaktoren für den Entscheid. Eine schlechte Sicht beispielsweise macht die Beurteilung des Geländes und der Schneebeschaffenheit am Einzelhang unmöglich. Die Sicht ist deshalb oft ein wichtiger Schlüsselfaktor.

Kleine Lawine – große Konsequenzen! Der Skifahrer (roter Kreis) wurde von der oberen, kleinen Lawine erfasst und konnte sich oberhalb der Felswand durch eine Fahrt zur Seite gerade noch retten.

## Entscheiden

Entscheidungen laufen gemäß dem im Kapitel Entscheidungen und Handlungen, S. 127 beschriebenen Schema ab. Dabei müssen als Erstes eine Entscheidungssituation wahrgenommen und Informationen gesammelt werden. Durch die Kombination der aktuell wichtigen Schlüsselfaktoren kann dann eine der folgenden Entscheidungen gefällt werden:

- ja, problemlos machbar
- ja, aber nur unter gewissen Bedingungen (z. B. einzeln abfahren oder bis zum nächsten Entscheidungspunkt) machbar
- nein, geplante Alternative wählen

| ☹ Risiko erhöhend: | ☺ Risiko mindernd: |
|---|---|
| Schlechte Sicht | Kleine Gruppe |
| Große Gruppe | Schonung der Schneedecke |
| Schockartige Belastung | Kupiertes Gelände / Geländerücken |
| Absturzgefahr | Kleine und auslaufende Hänge |
| Verschüttungsgefahr Hang ist über mir | Hang ist unter mir |
| | Defensive Routenwahl |
| Großer Hang | Häufig befahren |

Wichtige Risiko erhöhende und Risiko mindernde Faktoren

Es entscheidet nicht jeder gleich. Wichtig ist, dass wir zu unserer Entscheidung stehen und sie begründen können.

Das Gewichten und Vernetzen der Schlüsselfaktoren kann einerseits durch Regeln erfolgen (z. B. GRM) oder durch situatives Abwägen der Faktoren. Regeln sind zwar relativ starr und berücksichtigen immer die gleichen Faktoren, sind aber mit vergleichsweise wenig Lawinenwissen anwendbar. Für das situative Abwägen ist mehr Erfahrung notwendig, es sind aber flexiblere Beurteilungen und Entscheide möglich. Diese sind jedoch auch fehleranfälliger.

Um überlegte Entscheidungen zu fällen, sind optimale Voraussetzungen zu schaffen. Dies erreichen wir durch:

› strukturiertes Vorgehen mit 3x3 und den verschiedenen Beurteilungs- und Entscheidungshilfen, um das Wesentliche zu erkennen

› Argumentieren mit konkreten Fakten, Erreichen des optimalen Leistungszustands, damit wir unser ganzes Wissen nutzbar machen können

› Druck abbauen durch offene Kommunikation und Klären von Bedürfnissen und Wünschen

› ganzheitliche Betrachtung durch Abwägen verschiedener Sichtweisen, z. B. Fak-

**EXPERTENTIPP**

Nützliche Methoden für überlegtes Entscheiden:

› 3x3, GRM und Muster für strukturiertes Vorgehen

› »Bändel 1+«, um sich des Leistungszustands bewusst zu werden

› Sechs-Farben-Denken, für eine Auslegeordnung verschiedener Sichtweisen

› Sicht von außen, um mit konkreten Fakten zu argumentieren

› offene Kommunikation, um falsche Erwartungen und Druck abzubauen sowie Wünsche und Bedürfnisse kennenzulernen

ten (neutral und nicht neutral), Gefühle und Alternativen

## Verhalten

### Maßnahmen zur Risikoreduktion

Durch unser Verhalten beeinflussen wir maßgebend das Lawinenrisiko. Schon mit generellen Maßnahmen, die wir immer befolgen, können wir bei allen Lawinensituationen das Lawinenrisiko reduzieren. Um das Risiko weiter zu vermindern, passen wir unser Verhalten mit geschickter Taktik den Verhältnissen und dem Gelände an.

#### Generelle Maßnahmen

› sich über die Wetter- und Lawinensituation informieren und die Tour planen
› Drittpersonen über die Tour und die geplante Route orientieren

Einzelabfahrt am Steilhang und Anhalten an sicherem Ort

› LVS immer auf SENDEN (Funktionskontrolle) gestellt am Körper tragen, die Lawinenschaufel und Lawinensonde mitnehmen
› Wetter, Schnee, Gelände, Faktor Mensch und Zeitplan laufend neu beurteilen

#### Anpassen an Verhältnisse

› frische Triebschneeansammlungen (Triebschneemuster) kritisch beurteilen und möglichst umgehen
› tageszeitliche Temperaturschwankungen und Strahlungseinfluss (Nassschneemuster) beachten (z. B. Hüttenweg)
› bei Neuschnee- oder Altschneemuster sich defensiv verhalten
› bei Nebel oder schlechter Sicht in steilem, unbekanntem Gelände und bei ungünstigen Verhältnissen umkehren

#### Anpassen an das Gelände (Routenwahl)

› steilste Hangpartien meiden
› rückenartiges Gelände den Mulden vorziehen

**EXPERTENTIPP**

**Strategien für eine gute Gruppenorganisation**

› Der Gruppenverantwortliche wird in der Abfahrt nie überholt. Alle halten oberhalb des Gruppenleiters an!
› In der Abfahrt wird bei jedem Halt der Korridor bestimmt, der im folgenden Hang befahren werden darf. Die Abstände oder die Anzahl Personen, die sich gleichzeitig im Hang befinden dürfen, werden festgelegt und kommuniziert!
› Eine Schlussperson wird bestimmt, die Gestürzten auf die Beine hilft und allenfalls das Material wieder in Ordnung bringt. Sobald diese Person zur Gruppe kommt, weiß jeder, dass die Gruppe vollzählig ist.

› Schlüsselstellen und extreme Steilhänge einzeln befahren
› felsdurchsetztes Steilgelände und Couloirs meiden

**Taktisches Verhalten (Faktor Mensch)**
› Entlastungsabstände einhalten (im Aufstieg mind. ca. 10 m, in der Abfahrt mehr). Sie verursachen keinen großen Zeitverlust und sind in Steilhängen generell zu empfehlen.
› Schlüsselstellen einzeln abfahren, sodass nur eine Person der Lawinengefahr ausgesetzt ist. Der Rest der Gruppe muss jedoch an einem sicheren Ort (»sichere Insel«), oberhalb oder unterhalb des Hanges warten.
› Abfahrtskorridor festlegen, um zu verhindern, dass Teilnehmer in ungünstiges Gelände fahren.
› Stürze vermeiden und schonendes Abfahren, um die Belastung der Schneedecke und damit die Lawinenauslösewahrscheinlichkeit zu reduzieren.
› Anhalten auf »sicheren Inseln«.

## Respekt gegenüber der Natur

Als Wintersportler genießen wir die winterliche Bergwelt meistens bei schönem Wetter und nur für wenige Stunden pro Tag mit bestens angepasster Ausrüstung. Für die Alpentiere sieht dies anders aus. Für sie ist das Winterhalbjahr ein Härtetest, der tödlich enden kann. Sie passen sich mit unterschiedlichen Strategien der winterlichen Kälte an. Die meisten schränken die Bewegung auf ein Minimum ein, um Energie zu sparen. Stören wir die Tiere, verbrauchen sie auf der Flucht überlebenswichtige Energie. Wenn wir uns aber respektvoll verhalten und einige Regeln befolgen, bietet die winterliche Bergwelt Platz für Mensch und Tier.

Trichterregel zum Schutz des Wildbestandes

**Trichterregel**
In den offenen Hängen oberhalb der Baumgrenze können wir uns ohne Bedenken relativ frei bewegen. Im Bereich der Waldgrenze schränken wir unseren Abfahrtsbereich ein und fahren im Wald nur noch auf Wegen oder ausgewiesenen Routen.

**Regeln für unterwegs**
(aus der Kampagne »Respektiere deine Grenzen«; www.respektiere-deine-grenzen.ch)
1. Beachte Wildruhezonen und Wildschongebiete: Wildtiere ziehen sich dorthin zurück.
2. Bleibe im Wald auf den markierten Routen und Wegen: So können die Wildtiere sich an den Wintersport gewöhnen.
3. Meide Waldränder und schneefreie Flächen: Sie sind die Lieblingsplätze der Wildtiere.
4. Führe Hunde an der Leine, insbesondere im Wald: Wildtiere flüchten vor frei laufenden Hunden.

Aktuelle Informationen über Wildruhezonen in der Schweiz sind unter www.wildruhezonen.ch zu finden; vgl. auch das DAV-Projekt »Skibergsteigen umweltfreundlich« unter www.alpenverein.de (Natur und Umwelt).

# P Freeride

Freeriden oder Variantenfahren bedeutet im Bereich eines Skigebiets abseits der gesicherten Pisten abzufahren. Dazu gehören auch Abschnitte zwischen markierten Pisten. Im Gegensatz zum Skitourengehen werden die Aufstiege vorwiegend mit Transportmitteln (Liften und Bergbahnen) gemacht. Ab und zu sind kurze Aufstiege zu bewältigen. Im Variantengelände werden vor allem bei erheblicher Lawinengefahr (Gefahrenstufe 3) oft steilere Hänge gefahren als dies auf Touren üblich ist. Dies ist möglich, weil die Lawinensituation aufgrund des ständigen Befahrens der Hänge im Variantenbereich oft günstiger ist als im weniger frequentierten Tourengelände. Die Möglichkeiten für die Beurteilung der Lawinengefahr unterscheiden sich ebenfalls.

Diese Tafel weist darauf hin, dass man das gesicherte Skigelände verlässt und sich um die Beurteilung der Lawinensituation selbst kümmern muss.

## Besonderheiten des Variantenfahrens

### Unterschiedliche Schneedecke

Durch ständiges Befahren wird die Schneeoberfläche sehr unregelmäßig, was eine günstige Voraussetzung für den nächsten Schneefall ist (siehe Kap. Häufiges Befahren, S. 66). Bei viel befahrenen Variantenhängen entsteht eine stark vom Menschen geprägte Schneedecke, die dadurch oft günstig aufgebaut ist.

Es werden jedoch nicht alle Hänge gleich häufig befahren. Die Unterschiede des Schneedeckenaufbaus können im Variantengelände sehr groß und auch saisonal unterschiedlich sein. Folgendes ist zu beachten:

› Die Hänge werden nur befahren, wenn auch die Zubringerlifte oder -bahnen in Betrieb sind. Zu Saisonbeginn sind Variantenhänge nicht günstiger aufgebaut als das freie Gelände, da sie bisher noch nie befahren wurden. Lifte und Bahnen können als Folge von Schneefallereignissen oder anderen Gründen Tage oder auch Wochen nicht in Betrieb gewesen sein. Der Schneedeckenaufbau wird dadurch wieder gleichmäßiger. Variantenhänge sind dann auch mitten im Winter kritischer zu beurteilen.

› Hänge oberhalb von Einfahrtsspuren und Traversen werden kaum befahren. Die Schneedeckenverhältnisse sind in diesen

Lawinenauslösung in einem Hang, der nur unterhalb der Einfahrtstraverse häufig befahren ist. Je weiter man nach links in den Hang fährt (rechts im Bild), umso weniger häufig dürfte der Hang befahren sein.

**EXPERTENTIPP**

Falls man gute Ortskenntnisse hat, kann man sich vor dem Losfahren die folgenden Fragen stellen:
1. Wie häufig und wie regelmäßig ist dieser Hang befahren?
2. In welchem Bereich ist der Hang häufig und regelmäßig befahren? In welchen Bereichen ist dies nicht der Fall?
Häufig befahrene Hänge sind nicht günstiger bei:

› durchnässter Schneedecke,
› bei mehr als 50 cm Neuschnee,
› bei kohäsionslosem, stark aufgebautem Schnee,
› bei Traversen, wo alle in der gleichen Spur fahren,
› Anfang Winter, wenn Variantenhänge noch nicht viel befahren wurden.

Hangbereichen ungünstiger als im häufig befahrenen Bereich.

› Bei Traversen fahren fast alle in derselben Spur. Dies begünstigt die Schneedeckenentwicklung im Hang nicht.

› Im Bereich der Spurbänder wird der Schneedeckenaufbau genügend mechanisch verändert. Hangbereiche daneben, die oft auch steiler und eventuell etwas mühsamer zu erreichen sind, werden deshalb weniger befahren und der Schneedeckenaufbau kann dort wesentlich schlechter sein.

## Verschiedene Bereiche im Variantengelände

Im Variantengelände abseits der Pisten gibt es Bereiche, die unterschiedlich häufig befahren werden und deshalb

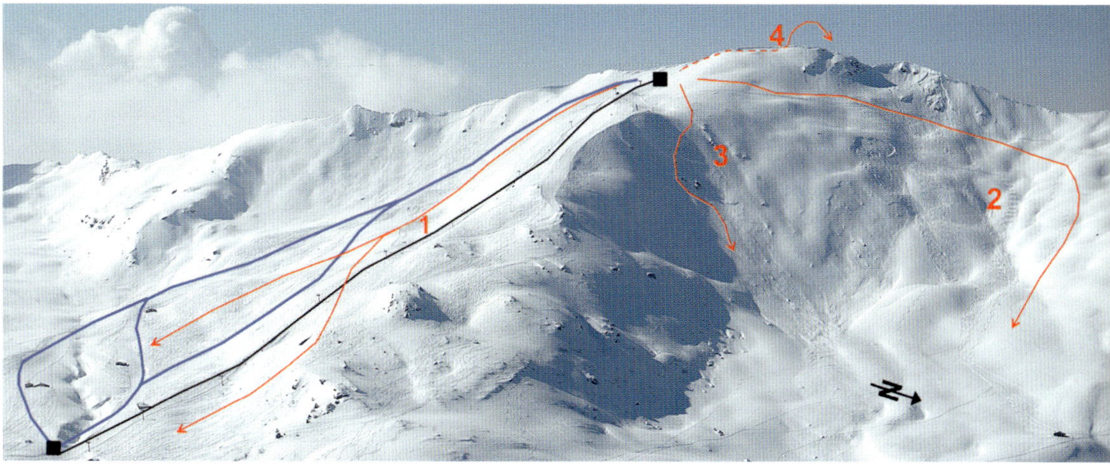


Verschiedene Möglichkeiten, von einer Bergstation aus Variantenabfahrten zu unternehmen. Varianten 1–4 hier rot, Skipisten blau.

auch unterschiedlich zu beurteilen sind. In der Abbildung oben wird auf die Eigenheiten typischer Variantenabfahrten eingegangen.

**Variante 1:** Hänge unmittelbar neben der Piste oder zwischen Pistenabschnitten werden, sofern sie sich dafür anbieten, häufig und regelmäßig befahren. Oft werden Steilhänge dort auch vom Pistensicherungsdienst durch Sprengmaßnahmen gesichert.

**Variante 2:** Traversen werden oft gemacht, um in günstigeres Variantengelände zu gelangen. Traversen unterhalb von Steilhängen können problematisch sein, da diese nicht als häufig befahren gelten und am Fuß von Steilhängen sogar die Gefahr von Fernauslösungen bestehen kann.

Was andere Freerider fahren, kann dazu verleiten, Gleiches zu tun.

**Variante 3:** Große, sehr steile und schattige Hänge können auch im Variantenbereich problematisch sein. Die Verhältnisse hängen sehr stark davon ab, wie häufig die Hänge durch Freerider befahren werden. Solche Hänge werden nach einem Schneefall in der Regel nicht als Erstes befahren. Bei kurz aufeinanderfolgenden Schneefällen ist es daher möglich, dass solche Hänge mehrere Tage nicht befahren werden. Dies gilt umso mehr, wenn das Angebot von flacheren Variantenabfahrten genügend groß ist.

**Variante 4:** Oft können von Bergstationen aus mit einem kurzen Aufstieg zu Fuß Hänge erreicht werden, wo nicht jedermann hinkommt. Die Abfahrten erfolgen oft in ein anderes Tal ohne Pisten und Bahnen. Je nach Eigenschaft des Geländes und den Möglichkeiten wieder ins Skigebiet zurückzugelangen, werden solche Abfahrten unterschiedlich frequentiert. Generell werden auch hier die flacheren Hangbereiche häufiger befahren als die steileren.

### Weitere Besonderheiten

**Abfahrten:**

Im Variantengelände fährt man unter Umständen in unbekanntes Gelände ab. Ein Rückzug in der Abfahrt ist schwieriger als beim Aufstieg und meistens nicht realistisch. Trotzdem ist es ratsam, auch beim Variantenfahren Aufstiegshilfen im Rucksack mitzutragen. In der Abfahrt ist man beweglicher als im Aufstieg und kann günstige Hangeigenschaften besser nutzen (z. B. eine schmale Rippe oder abgeblasene Stellen). Die Chance ist größer, bei einer Lawinenauslösung aus einer Lawine herausfahren zu können als im Aufstieg. Bei Schlüsselstellen ist es deshalb nützlich, sich Fluchtwege zu merken.

**Schnelle Entscheidungen:**

Entscheidungen müssen auf Variantenabfahrten meistens schnell gefällt werden. Das Hauptproblem liegt darin, dass wenig Zeit zur Verfügung steht, um die nötigen Informationen zu sammeln. Wir können uns nicht wie beim Aufstieg langsam jeder neuen Geländekammer nähern. Deshalb ist es lohnenswert, sich zu Beginn eines Variantentags Zeit für Beobachtungen zu nehmen und die erste Abfahrt defensiv anzugehen. Dadurch kann man sich an die Verhältnisse herantasten. Man sollte also dem Verlangen widerstehen, bei den Ersten sein zu wollen (siehe Kap. Faktor Mensch, S. 127).

**Mehrere Gruppen/Personen:**

Oft sind mehrere Gruppen in denselben Hängen am Variantenfahren. Dabei können einerseits Konkurrenzsituationen unter den Gruppen entstehen (»Wer ist der Erste, der herunterfahren kann?«), oder man fühlt sich sicherer, weil andere Gleiches beabsichtigen (siehe Kap. Wahrnehmungsfallen, S. 132). Wenn sich andere Leute gleichzeitig im steileren Hangbereich oberhalb von uns befinden, besteht die Gefahr, dass diese eine Lawine auslösen, welche uns erfassen könnte. Unfallbeispiele zu solchen Situationen gibt es einige.

## Informationsmöglichkeiten für Freerider

### Informationsmöglichkeiten im Skigebiet

Neben den Informationsmöglichkeiten zu Hause (Lawinenlagebericht, Webcams etc.) kann man sich im Skigebiet über die örtlichen Verhältnisse informieren.

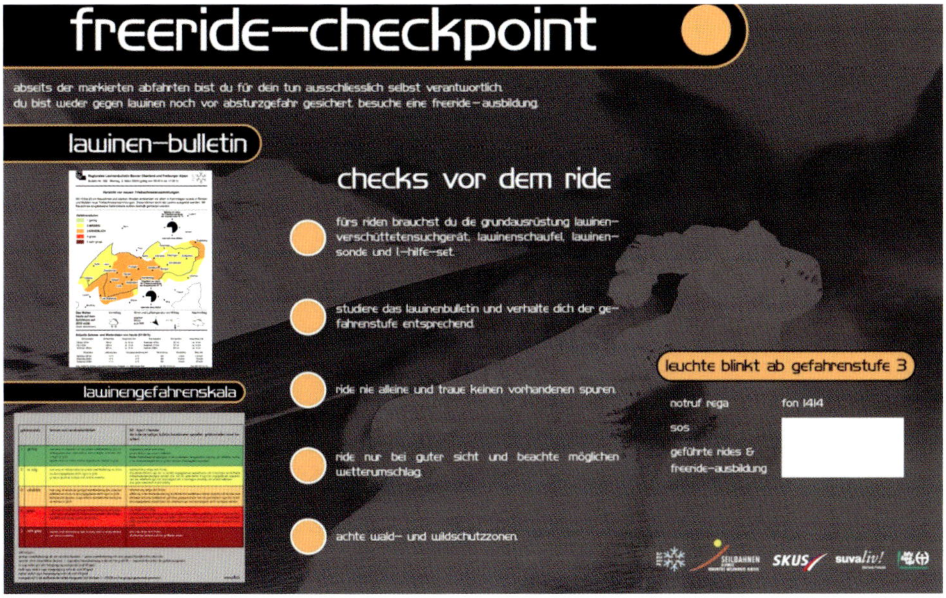

Beispiel eines Freeride-Checkpoints in einem Skigebiet

› In vielen Skigebieten existieren Informationstafeln mit Lawinenlagebericht, Wetterbericht und allenfalls auch Informationen über typische Variantenbereiche des Skigebiets und Wildschutzzonen.

› Oft befindet sich bei Pistenübersichtstafeln eine Warnlampe. In den Schweizer Skigebieten blinkt diese, sobald der Pistenrettungsdienst von mindestens einer erheblichen Lawinengefahr (Stufe 3) ausgeht.

› Im Skigebiet besteht unter Umständen die Möglichkeit, sich beim Pistenrettungsdienst über die aktuelle Lawinensituation zu erkundigen. Der Pistenrettungsdienst beobachtet und beurteilt die Lawinensituation während des ganzen Winters im Skigebiet. Nach Schneefällen führen die Mitarbeiter oft auch Lawinensprengungen durch. Informationen über die Sprengerfolge geben wertvolle Hinweise über die Auslösebereitschaft von Schneebrettlawinen.

Übersichtstafel mit Warnlampe

## Beobachtungsmöglichkeiten

Mit den Bergbahnen gelangen Freerider sehr schnell zum Lawinengelände und können unter Umständen unverzüglich vor einem Lawinenproblem stehen. Deshalb sollte die erste Abfahrt möglichst defensiv gewählt werden, um sich an die gegebenen Schnee- und Lawinenverhältnisse heranzutasten und möglichst viele Beobachtungen zu machen und Informationen aus der Schneedecke aufzunehmen.

Manchmal bietet bereits die Fahrt mit der Bergbahn die Möglichkeit, aus der Bahn heraus direkt die steilen Hänge einzusehen, oder zu beobachten, ob der Pistensicherungsdienst mit Sprengen Lawinen auslösen konnte. Der Beobachtungsraum kann zusätzlich erweitert werden, wenn man zuerst ein bis zwei Abfahrten auf der Piste macht, um in möglichst viele Hänge Einsicht zu bekommen. Dabei können folgende Beobachtungen gemacht werden (mehr dazu in Kap. Unterwegs beobachten und beurteilen, S. 109):

- Gibt es frische Schneebrettlawinen? Wie groß sind sie? In welchen Hanglagen sind sie vorhanden? Wie wurden sie ausgelöst?
- Sind Windspuren sichtbar? Wie alt sind diese Spuren?
- Wie viel Neuschnee ist gefallen? Ist diese Menge kritisch?
- Wo gibt es schon überall Spuren? Wie sehen die Spuren aus? Was für Hänge wurden bereits befahren?

Generell ist für Beobachtungen ein Fernglas nützlich.

### Infoaustausch unter Gruppen

Vor allem organisierte Unternehmen (z. B. Skischulen oder Bergsteigerschulen), die immer im gleichen Gebiet Varianten fahren, haben die Möglichkeit, reflektierte Erlebnisse und Informationen untereinander auszutauschen. In einem »Guides Meeting« können Bergführer und/oder Skilehrer aktuelle Lawinenprobleme der Region besprechen und beraten, welche Abfahrten im Moment angemessen sind. Dabei können sie sich auf die vielen Beobachtungen aller Beteiligten aus den Vortagen stützen. Diese Informationen sind genauer und nützlicher als der allgemein formulierte Lawinenlagebericht. Es sind so unter Umständen auch sehr steile und schattige Variantenabfahrten bei Gefahrenstufe »erheblich« ohne hohes Risiko machbar.

Ein solcher Austausch kann selbstverständlich auch unter Freeridern stattfinden, wenn auch mehr informell als z. B. innerhalb einer Skischule. Je mehr Augen etwas gesehen und Freerider etwas gespürt oder getestet haben, umso differenzierter kann die Situation beurteilt werden. Es besteht dann allerdings die Gefahr des »Risky-shift«-Effekts (siehe Kap. Wahrnehmungsfallen, S. 132).

**KURZ UND KNAPP**

Der Austausch von lawinenrelevanten Informationen unter Freeridern und innerhalb von organisierten Unternehmen ermöglicht Kenntnisse zur lokalen Lawinensituation, die der Lawinenlagebericht oft nicht liefern kann.

## 3x3 und GRM fürs Variantenfahren

### 3x3 für Varianten

Grundsätzlich wird auch für Variantenabfahrten innerhalb des Rahmens 3x3 beurteilt und entschieden (siehe Kap. Beurteilungs- und Entscheidungsrahmen 3x3, S. 147). Bezüglich Verhältnisse, Gelände und Mensch sind dieselben Punkte wichtig. Die Schwerpunkte sind jedoch zum Teil anders zu setzen als im Tourenbereich.

**Planung:** Im Gegensatz zu Skitouren sind Variantenabfahrten selten in der Führerli-

**KURZ UND KNAPP**

Der »point of no return« liegt beim Freeriden häufig schon am Pistenrand.

teratur beschrieben oder auf Karten meist nur vereinzelt eingezeichnet. Falls keine Ortskenntnisse vorhanden sind, weiß man oft nicht einmal, wo auf der Karte die Skipisten verlaufen. Für die Planung von Variantenabfahrten sind deshalb Ortskenntnisse sehr vorteilhaft. Weiter sollte man sich informieren, welche Bahn- oder Liftanlagen in Betrieb sind und überlegen, ob die geplanten Abfahrten nicht schon einer Skipiste ähneln. Ansonsten erfolgt die Planung von Variantenabfahrten gemäß dem üblichen Vorgehen im Rahmen des 3x3.

**Beurteilung vor Ort:** Generell stellt sich auch beim Freeriden die Frage, ob die Vorstellung von zu Hause mit der Realität vor Ort übereinstimmt. Vor Ort können Variantenabfahrten höchstens von einer Bergbahn aus eingesehen werden. Man beobachtet, was alles schon gefahren wurde. Dank der schnellen Beförderung mit Liften können innerhalb kurzer Zeit Beobachtungen in verschiedenen Geländekammern gemacht werden. Weiter kann man sich beim Pistenrettungsdienst über die Resultate von Lawinensprengungen und über Aktuelles zur Lawinensituation informieren.

**Einzelhang:** Auf Variantenabfahrten gilt es ebenfalls zu überlegen, was das Lawinenproblem in diesem Hang ist, wie sind Steilheit, Exposition und Geländeform usw. Wichtige zusätzliche Fragen sind: Wo wird häufig gefahren (Spurband)? Gibt es Bereiche, die weniger oder selten befahren werden? Überlegungen zu möglichen Fluchtwegen im Falle einer Lawinenauslösung sind bei Variantenabfahrten eher als bei Touren angebracht. Eine Umkehr ist nur bei der Einfahrt in Variantenhänge realistisch. Ist man ein paar Hundert Meter abgefahren, kehrt kaum mehr jemand um.

Lawinenauslösung bei einer typischen Variantenabfahrt. Der Hangbereich ist steiler und befindet sich neben dem allgemeinen Spurband.

Auch flachere Abfahrten mit weniger Risiko können genussvoll sein.

## GRM für Varianten

Die Grafische Reduktionsmethode (GRM) stößt im Variantenbereich vor allem bei der Gefahrenstufe erheblich (Stufe 3) an ihre Grenzen. Aufgrund der oft günstigeren Lawinenverhältnisse im Variantengelände kann die Anwendung der GRM fürs Freeriden etwas angepasst werden.

In häufig befahrenen Hängen sind Fernauslösungen weniger wahrscheinlich. Des-

**EXPERTENTIPP**

### Gestalten eines Freeride-Tags

1. Anhand des Lawinenlageberichtes sich über die allgemeine Lawinensituation informieren.
2. Die Lawinensituation vom Skigebiet aus erkunden (Lawinenbeobachtungen, Resultate von Lawinensprengungen, Hinweistafeln, Pistenrettungsdienst). Die Fahrt mit einer Bergbahn bietet oft gute Beobachtungsmöglichkeiten.
3. Vergleich des ersten Eindrucks mit der Planung (Neuschnee, Triebschnee, vorhandene Abfahrtsspuren).
4. LVS-Kontrolle machen.
5. Rollen und Erwartungen innerhalb der Gruppe klären.
6. Sich nicht durch Hektik anderer Variantenfahrer unter Druck setzen lassen.
7. Als erste Abfahrt eine defensive Variante wählen, um mit dem Schnee vertraut zu werden und um mehr zu beobachten (z.B. was alles schon gefahren wurde). Bewusst nach Alarmzeichen suchen. Mit einfachen Mitteln Neuschnee, Triebschnee, Schneedecke, Nassschnee beurteilen.
8. Mit fortlaufendem Informationsgewinn kann die Lawinensituation besser eingeschätzt werden. Unter Umständen können offensivere Varianten gewählt werden. Achtung vor negativem Lerneffekt und Exklusivität.
9. Sich mit anderen auszutauschen kann wertvolle Informationen für die Beurteilung und Entscheidung liefern. Achtung: Informationen von Fremden kritisch beurteilen.
10. Den Tag im Rückblick analysieren (Reflexion).

halb reicht es bei Gefahrenstufe 3 meist, die Hangneigung nur im Bereich der Spur zu berücksichtigen.
Häufig befahrene Hänge können in dem Zusammenhang oft auch als günstige Hänge betrachtet werden. Dies jedoch nur, wenn Unterschiede in der Lawinensituation zu wenig befahrenen Hängen vorhanden sind. Bei der Anwendung der GRM kann demnach häufig die nächsttiefere Gefahrenstufe angenommen werden (siehe Kap. Grafische Reduktionsmethode, S. 18 + 158). Dies bedingt jedoch, dass gute Kenntnisse über die Häufigkeit des Befahrens dieser Hänge vorhanden sind. Unmittelbar nach viel Neuschnee sind die Unterschiede meist weniger ausgeprägt. Dann empfiehlt es sich, von der im Lawinenlagebericht beschriebenen Gefahrenstufe auszugehen.

**Beispiel 1:** Der Lawinenlagebericht spricht von einer erheblichen Lawinengefahr (Stufe 3) in Hängen der Expositionen West über Nord bis Südost oberhalb von 2000 Metern. Für die GRM kann innerhalb des 3x3 nebst den Südhängen auch für häufig befahrene Nordhänge von der nächsttieferen Gefahrenstufe (mäßig) ausgegangen werden.
**Beispiel 2:** Nach 40 Zentimetern Neuschnee ist im Lawinenlagebericht von einer erheblichen Lawinengefahr (Stufe 3) in allen Expositionen oberhalb von 1800 Metern die Rede. Bei solchen Neuschneemengen ist es ratsam, auch für häufig befahrene Hänge am ersten Tag nach dem Schneefall die erhebliche Gefahrenstufe anzunehmen und die GRM entsprechend anzuwenden. Es reicht jedoch, die Hangneigung im Bereich der Spur zu berücksichtigen, da Fernauslösungen über größere Distanzen eher unwahrscheinlich sind.
Nicht zu vergessen ist, dass der Stellenwert der GRM für Fortgeschrittene in der Einzelhangbeurteilung untergeordnet ist. Einsteiger wenden die GRM am besten herkömmlich an, d.h. bleiben im grünen Bereich. Für Variantenabfahrten können sie jedoch bei erheblicher Lawinengefahr (Stufe 3) die Beurteilung der Hangneigung auf den Bereich der Spur einschränken.

**KURZ UND KNAPP**

Der Spielraum und die Anwendung der GRM unterscheiden sich je nach Häufigkeit des Befahrens und der Neuschneemenge. Bei viel Neuschnee sollte immer von mindestens erheblicher Lawinengefahr ausgegangen werden.

# R Lawinenunfall/Rettung*

Die Rettung von Verschütteten ist ein Wettlauf gegen die Zeit. In den ersten 15 Minuten besteht eine gute Chance, Überlebende zu bergen. Danach sinkt die Überlebenschance schnell.

Damit keine Zeit verloren geht, müssen Rettungsmaßnahmen sofort nach dem Stillstand der Lawine durch die Gruppenmitglieder beginnen. Die Kameradenrettung kann nur erfolgreich sein, wenn die Standard-Notfallausrüstung vorhanden ist und alle Gruppenmitglieder die ersten Maßnahmen am Lawinenunfallplatz beherrschen.

**KURZ UND KNAPP**

In den ersten 15 Minuten nach einer Lawinenverschüttung besteht die größte Chance, Verschüttete lebend zu bergen. Die Kameradenrettung hat höchste Priorität.

## Ausrüstung

Als Standard-Notfallausrüstung (persönliche Rettungsausrüstung) gelten LVS, Sonde und Lawinenschaufel. Nur die Kombination von LVS (**L**awinen**v**erschütteten-**S**uchgerät), Sonde und Schaufel ermöglicht die schnelle und effiziente Lokalisation und Bergung von Verschütteten. LVS mit drei Antennen und Signalverarbeitung sind heute Standard. Auf Geräte mit anderen Eigenschaften gehen wir im Folgenden nicht ein.

Das LVS zeigt uns, wo wir sondieren, der Treffer mit der Sonde, wo wir schaufeln müssen.

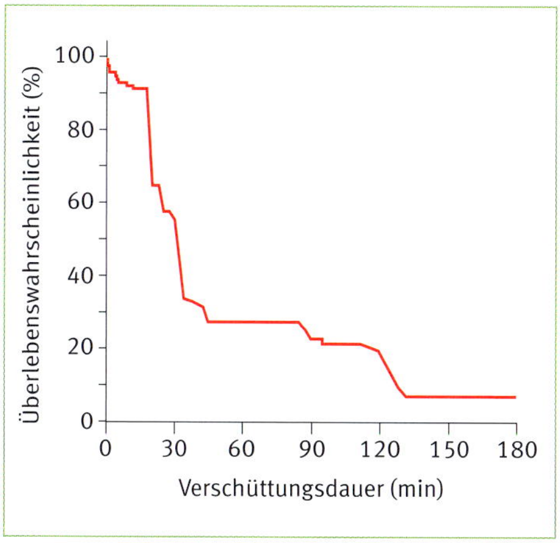


Überlebenswahrscheinlichkeit von Ganzverschütteten in Abhängigkeit der Verschüttungsdauer (Datengrundlage SLF: 638 Ganzverschüttete im freien Gelände der Schweizer Alpen von 1981–1998, nach Brugger et al., 2001)

Die Mindestanforderungen an die Standard-Notfallausrüstung sind:

- LVS immer auf »Senden« gestellt (Funktionskontrolle) am Körper tragen
- Sonde mit Schnellverschluss; mind. 2,5 m lang und genügend stabil
- Lawinenschaufel mit robustem Blatt (möglichst groß) und stabilem, ausziehbarem Stiel mit D-Griff

Es ist empfehlenswert, die Standard-Notfallausrüstung je nach Situation zu ergänzen. Ein Lawinen-Airbag kann die Verschüttungstiefe verringern und dient als zusätzliches Markierungsmittel, da er auf der Lawinenablagerung oft sichtbar ist. Das Tragen eines Lawinen-Airbags bietet aber keinen Schutz gegen schwere mechanische Verletzungen, verursacht durch Absturz oder Kollision mit Bäumen oder Felsen während des Lawinenniedergangs. Je

* Die Inhalte dieses Kapitels basieren auf dem von Manuel Genswein verfassten Schweizer Merkblatt »Lawinenunfall«, herausgegeben von SAC und J+S (Jugend und Sport). Beim Kapitel »Erste Hilfe« wurden wir von Markus Reichenbach, Leiter der Rettungssanität der Rega, unterstützt.

nach Gelände rückt diese Gefahr bei einer Lawinenerfassung sogar in den Vordergrund. Dieses Risiko kann durch die Notfallausrüstung nur geringfügig reduziert werden, bestenfalls durch das Tragen eines Helmes.

Mit der »Avalung« können Verschüttete im Schnee länger atmen, weil mit dem System die Aus- von der Einatmungsluft eines Verschütteten getrennt wird. Denn Verschüttete, die längere Zeit unter der Schneedecke liegen, ersticken am eigenen ausgeatmeten Kohlendioxid. Das Einatmen von Luft geschieht mit dem Avalung-System aus dem Brustbereich über einen Schnorchel mit Filter und Schlauch. Die Ausatmungsluft wird über ein Ventil in den Rückenbereich der verschütteten Person transportiert. Voraussetzung ist, dass der Schnorchel bis zum Stillstand der Lawine im Mund gehalten werden kann. Dazu gibt es noch wenig Praxiserfahrung.

In den Rucksack gehören zudem eine Karte zur Orientierung, das Mobiltelefon und/oder ein Funkgerät für die Alarmierung (die Mobiltelefon-Netzabdeckung im Gebirge ist häufig unvollständig), eine Notfallapotheke (inklusive Rettungsdecke) sowie Sonnen- und Kälteschutz.

## Tragarten des LVS

Das LVS wird mittels Tragsystem auf der untersten Bekleidungsschicht angezogen und während der gesamten Dauer der Tour, auf SENDEN eingeschaltet, am Körper getragen. Es sollte dabei immer von einer Kleidungsschicht überdeckt bleiben. Die Anzeige (Display) des LVS wird gegen den Körper getragen, damit sie besser geschützt ist.

Als weitere Tragart eignet sich eine »gesicherte Hosentasche« (keine aufgenähten Taschen). Die Tasche muss immer mittels Reißverschluss verschlossen bleiben.

Beim Tragen des LVS ist darauf zu achten, dass sich keine elektronischen Geräte (z. B. Mobiltelefone, Funkgeräte, Stirnlampen), Metallteile (z. B. Taschenmesser,

Die Kameradenrettung kann nur erfolgreich sein, wenn alle Gruppenmitglieder die ersten Rettungsmaßnahmen beherrschen.

Magnetknöpfe) oder ein weiteres LVS in unmittelbarer Nähe befinden. Wenn das Mobiltelefon oder die Digitalkamera in der Jacke direkt über das LVS zu liegen kommen, kann dies die Funktionstüchtigkeit des LVS negativ beeinflussen. Der Abstand zwischen LVS und Mobiltelefon sollte mindestens 50 Zentimeter betragen.

## Funktionskontrolle des LVS

Vor jeder Tour muss geprüft werden, ob die LVS einwandfrei funktionieren.

**Geräteselbst- und Batterietest:**
Der Geräte- und Batterietest muss bei jedem Einschalten des Gerätes durchgeführt werden – meist erfolgt er automatisch nach dem Einschalten. Diesen Test führt jede Person selbst durch. Unterhalb welcher Restbatteriekapazität die Batterien zu ersetzen sind, ist der vom Hersteller gelieferten Gebrauchsanweisung zu entnehmen.

**Einfacher Gruppentest:**
Der einfache Gruppentest ist vor jeder Tour, und immer wenn das Risiko besteht, dass einzelne Gruppenmitglieder das LVS ausgeschaltet haben könnten (z. B. im Restaurant, bei Rettungsübungen), durchzuführen.

Für den einfachen Gruppentest stellen sich die Gruppenmitglieder im Abstand von mindestens zwei Metern voneinander auf. Die LVS befinden sich in der gesicherten Tragposition und sind auf SENDEN gestellt. Der Prüfende schaltet sein Gerät auf SUCHEN oder, wenn vorhanden, in den GRUPPENTEST-Modus. Er hält das Gerät vertikal und geht an jedem Gruppenmitglied vorbei. Dabei ist wichtig, dass eine Distanz von einem Meter zwischen dem Prüfenden und dem zu kontrollierenden Gerät eingehalten wird. Aufgrund der definierten Prüfdistanz von einem Meter kann nicht nur überprüft werden, ob der Sender eingeschaltet ist, sondern auch, ob dieser mit genügender Leistung sendet (Reichweitentest). Bei einem Gerät mit Distanzanzeige muss die angezeigte Distanz weniger als zwei Meter betragen oder der Ton muss deutlich hörbar sein. Ist die angezeigte Distanz größer als zwei Meter respektive der Ton nicht hörbar, sendet das Gerät zu wenig stark (Batterien schwach, oder LVS beschädigt). Achtung: Die kontrollierende Person muss ihr Gerät nach dem Gruppentest auf SENDEN umschalten!

**KURZ UND KNAPP**

Vor jeder Tour ist die Funktionstüchtigkeit der LVS mit dem einfachen Gruppentest zu überprüfen. Dazu soll, falls vorhanden, die GRUPPENTEST-Funktion verwendet werden.

Start zu einer Skitour nach erfolgter Funktionskontrolle

**Doppelter Gruppentest:**
Um sowohl die Such- als auch die Sendefunktion zu überprüfen, wird der doppelte Gruppentest durchgeführt, dies insbesondere bei der Bildung einer neuen Gruppe. Die Gruppe stellt sich wie beim einfachen Gruppentest auf (Abstand mindestens 2 m). Die Gruppenmitglieder schalten ihr Gerät zuerst auf SUCHEN oder, wenn vorhanden, in den GRUPPENTEST-Modus, und halten ihre Geräte vertikal. Der Kontrollierende stellt sein Gerät auf SENDEN, hält es vertikal und geht von Gerät zu Gerät. Dabei achtet er wiederum darauf, einen Abstand von einem Meter zwischen seinem Gerät und dem zu prüfenden LVS einzuhalten. Anschließend schalten die Gruppenmitglieder auf SENDEN, der Kontrollierende auf SUCHEN bzw. GRUPPENTEST-Modus, und es folgt der Test gemäß dem einfachen Gruppentest.

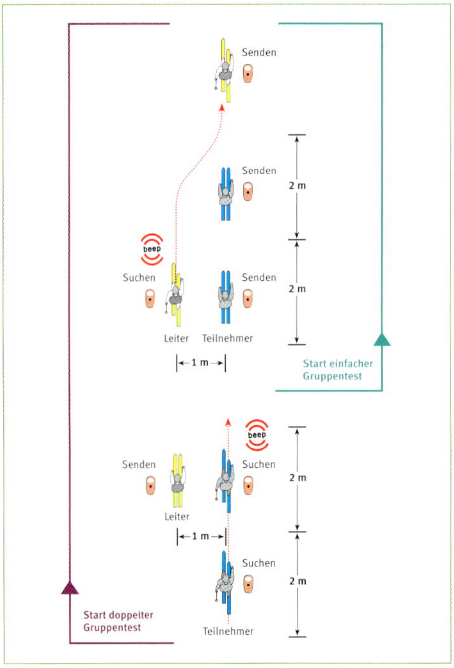


Doppelter Gruppentest: Erst wird die Such-, dann die Sendefunktion überprüft. (Grafik: M. Genswein)

**EXPERTENTIPP**

Beim doppelten Gruppentest wird zuerst die Such- und anschließend die Sendefunktion überprüft, sodass sich die Geräte aller Teilnehmer zum Schluss der Kontrolle im SENDEN-Modus befinden.

## Rettung

Bei der Kameradenrettung muss improvisiert werden. Je besser beobachtet wird, wo der Verschüttete liegen könnte und ob Gegenstände sichtbar sind, desto effizienter ist die Rettung. Je nach Situation lohnt es sich sofort zu alarmieren, bevor mit der Rettung begonnen wird.

### Verhalten während des Lawinenniederganges

#### Als Betroffener

Wird man von einer Lawine erfasst, soll eine Fluchtfahrt zur Seite versucht werden. Am Rand der Lawine ist die Chance bei Stillstand nicht oder nur teilverschüttet zu sein größer als in der Mitte der Lawine. Wenn, wie leider oft der Fall, keine Flucht möglich ist, muss sich der Erfasste möglichst schnell von den Schneesportgeräten und Stöcken befreien. Diese wirken, solange sie am Körper befestigt sind, als Anker und können dadurch zu einer tiefen Verschüttung führen. Falls ein Lawinen-Airbag mitgeführt wird, soll dieser sofort ausgelöst werden. Solange der Schnee fließt, soll mit aller Kraft versucht werden, an der Oberfläche zu bleiben. Wenn die Lawine langsam zum Stillstand kommt, empfiehlt es sich, den Mund zu schließen und die Arme vor das Gesicht zu halten, sodass die Atemwege möglichst frei bleiben.
Benutzt man einen Lawinen-Airbag oder eine Avalung, so sind die entsprechenden Herstellerangaben zu beachten.

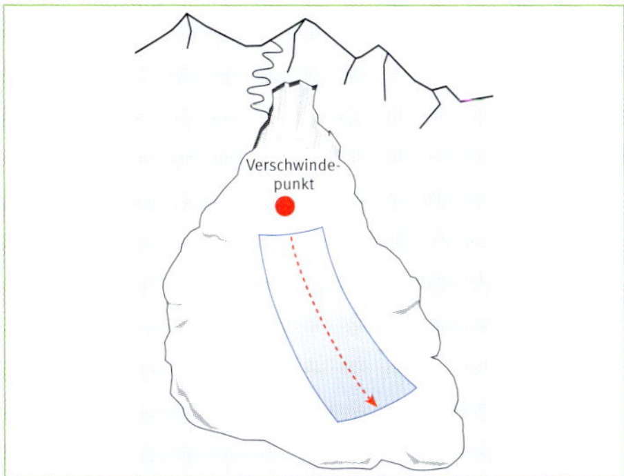


Sind der Verschwindepunkt und die Fließrichtung bekannt, lässt sich der primäre Suchbereich festlegen. (Grafik: M. Genswein)

### Als Beobachter

Diejenigen Gruppenmitglieder, die nicht von der Lawine erfasst worden sind, beobachten den Lawinenabgang und merken sich den Verschwindepunkt des Erfassten und die Fließrichtung der Lawine. Anhand dieser Beobachtungen kann der primäre Suchbereich festgelegt werden.

## Erste Maßnahmen am Unfallplatz

Nach dem Stillstand der Lawine sind sofort folgende Maßnahmen zu treffen:

› Übersicht verschaffen.
› Alle nicht zur Suche benötigten LVS ausschalten. Dies sollte kontrolliert werden.

**KURZ UND KNAPP**

Knappe, aber präzise Meldung = wirksame Hilfe

› Mindestens ein Retter sucht sofort mit Auge, Ohr und LVS im primären Suchbereich (siehe Abbildung).
› Die mit LVS Suchenden schalten alle elektronischen Geräte aus, die näher als 50 cm zum LVS sind, insbesondere Mobiltelefone.
› Fundgegenstände wie Skier, Stöcke oder Kleidungsstücke werden am Fundort eingesteckt oder belassen.
› Bergen und Erste Hilfe leisten.
› Bergrettung alarmieren.
› Sobald LVS-Suche abgeschlossen ist, alle LVS wieder auf SENDEN stellen.

### Alarmierung – Unfallmeldung

Wer – meldet (Name, Telefonnummer, Standort)?
Was – ist geschehen?
Wo – ist der Unfallort?
Wann – ist der Unfall geschehen?
Wie – wie viele Personen sind ganz verschüttet, wie viele Helfer?
Wetter – am Unfallort?

**NUMMERN DER BERGRETTUNG**

| | | | |
|---|---|---|---|
| **alle europäischen Länder** | | | **112** |
| Bayern | | | 112 |
| Österreich | Alpin-Notruf | Inland | 140 |
| | Alpin-Notruf | aus dem Ausland | 0043-512 140 |
| Schweiz | Rega | Inland | 14 14 |
| | Rega | aus dem Ausland | 0041-333-333 333 |
| | Kanton Wallis | Inland | 144 |
| Italien inkl. Südtirol | | | 118 |
| Slowenien | | | 112 |
| Frankreich | | zentraler Notruf | 15 |
| | | Rettungsleitstelle Chamonix (PGHM) | 0033-450-53 16 89 |

Aus www.alpenverein.de

Die ersten Minuten bei der Suche am Unfallort

Je nach Ausgangslage und Anzahl der Suchenden im Verhältnis zu den Verschütteten sind die obigen Maßnahmen anzupassen. Wenn es die Situation erlaubt, kann die Alarmierung durchaus früher erfolgen. Sind Personen ganz verschüttet, wird dringend empfohlen, die organisierte Bergrettung und damit medizinische Hilfe baldmöglichst anzufordern.

**EXPERTENTIPP**

Tragen die ganz verschütteten Personen ein LVS, hat die Kameradenrettung höchste Priorität. Je aufwendiger die Alarmierung (z. B. wenn kein Telefon oder keine Funkverbindung zur Verfügung stehen) und je länger die erwartete Interventionszeit der organisierten Rettung ist (z. B. kein Flugwetter), desto später kann die Alarmierung erfolgen.

## Suchphasen

Die Suche mit dem LVS wird in vier Phasen unterteilt: **Signalsuche**, **Grobsuche**, **Feinsuche** und **Punktsuche**. Bei kleineren Lawinen oder wenn der Verschwindepunkt bekannt ist, können sich die Signalsuche und die Grobsuche stark verkürzen.

### Signalsuche

Die Suche beginnt mit der Signalsuche, welche mit dem Empfang des ersten hörbaren Signals oder einer Distanzanzeige auf dem LVS endet. Zur Optimierung der Reichweite wird das LVS langsam um alle Achsen gedreht. Wird ein Signal empfangen, wird diese Geräteposition gehalten und der Retter schreitet fort, bis das Signal deutlich hörbar wird. In dieser Phase ist die Suchgeschwindigkeit hoch.

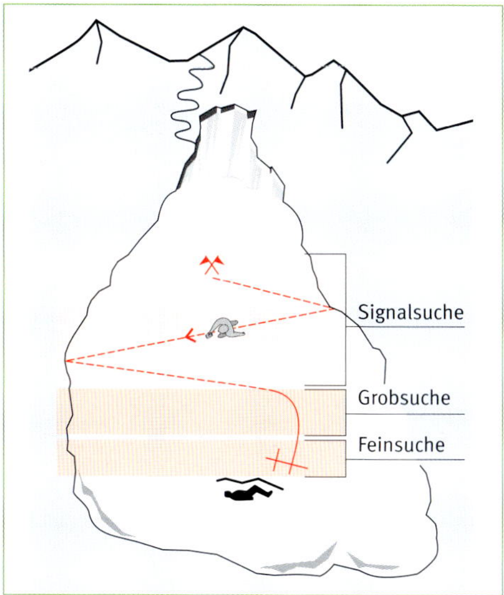


Die verschiedenen Phasen bei der LVS-Suche (Grafik: M. Genswein)

## Suchstreifen

Der Abstand zwischen verschiedenen Rettern in der Phase der Signalsuche nennt man die Suchstreifenbreite. Sie ist je nach Gerät unterschiedlich groß, meist um die 40 Meter. In jedem Fall sind aber die Angaben des Herstellers zu beachten. Grundsätzlich ist es nicht gravierend, wenn die Suchstreifenbreite zu breit gewählt wird – im Gegenteil. Das Risiko, einen Verschütteten deswegen nicht zu finden, ist klein, der Zeitgewinn aber groß.

## Grobsuche

Sobald ein Signal deutlich hörbar ist oder eine Distanz angegeben wird, beginnt die Grobsuche, die in die unmittelbare Umgebung des Verschütteten führt. Dabei kommt das Feldlinienverfahren zur Anwendung. Das LVS wird horizontal gehalten, und der Retter schreitet in die vom Pfeil angezeigte Richtung. Die Suche erfolgt schnell und zielstrebig, ruckartige Bewegungen sind zu vermeiden. Nimmt die angezeigte Distanz ab, so nähert sich der Retter dem Verschütteten. Nimmt die Distanz zu, so entfernt sich der Retter in die um 180 Grad falsche Suchrichtung. In diesem Fall muss der Retter die Richtung unverzüglich ändern und die Suche in entgegengesetzter Richtung fortsetzen.

Je mehr sich der Suchende dem Verschütteten nähert, umso besser ist die Genauigkeit der Distanzangabe.

## Balance zwischen Suchgeschwindigkeit und Suchgenauigkeit

Die LVS-Suche ist vergleichbar mit der Landung eines Flugzeugs: »Airport Approach«.

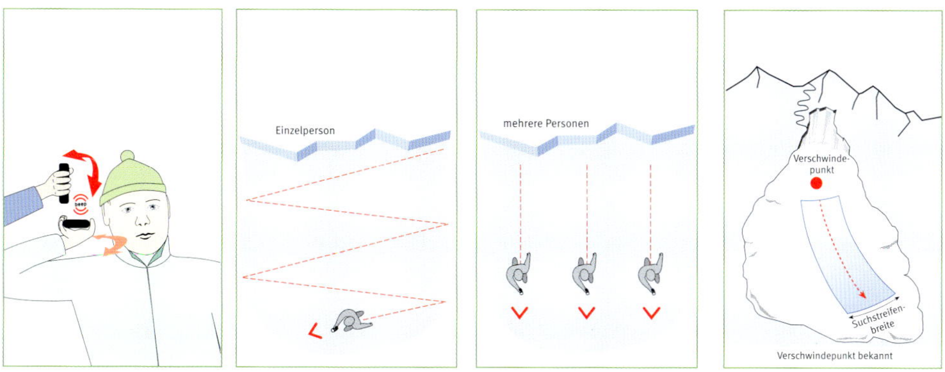


Je nach Kenntnis des Verschwindepunktes, und ob die Suche alleine oder mit mehreren Rettern durchgeführt wird, gestaltet sich das Vorgehen bei der Signalsuche unterschiedlich. (Grafik: M. Genswein)

Ist die Distanz zum Ziel (»Verschütteter/Flughafen«) groß und die Geschwindigkeit hoch (wir bewegen uns möglichst schnell fort), ist keine hohe Suchpräzision erforderlich. Das LVS wird auf Brusthöhe gehalten (Signal-/Grobsuche). Sobald die Distanz zum Ziel gering ist (in unmittelbarer Umgebung des Verschütteten), muss die Geschwindigkeit drastisch vermindert werden, womit die erforderliche Steigerung der Suchpräzision erreicht wird. Dazu wird das LVS direkt über der Schneeoberfläche gehalten (Feinsuche).

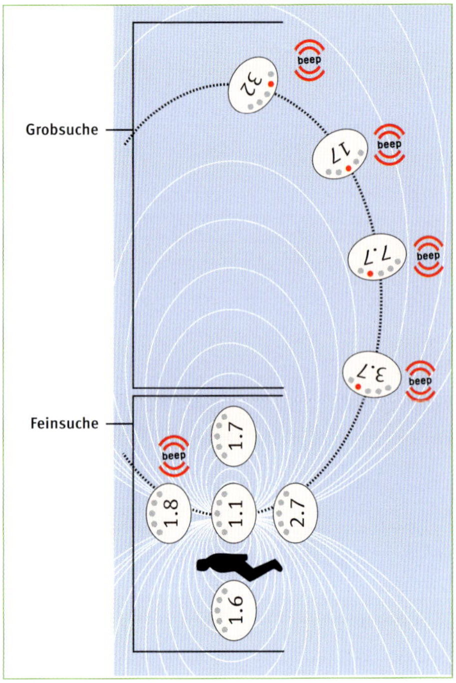


Grobsuche entlang der Feldlinien, Feinsuche durch Einkreuzen (Grafik: M. Genswein)

## Feinsuche

Die Feinsuche beginnt, sobald sich der Retter in unmittelbarer Umgebung des Verschütteten befindet (Distanzanzeige ‹ 3,0 m). Das LVS wird auf der Schneeoberfläche geführt. Die Geräteorientierung darf nun nicht mehr verändert werden.

Weniger geübte Retter gehen bis zur kleinsten Distanzanzeige auf einer Geraden weiter (»Landebahn«) und markieren diese Stelle, z. B. mit der Lawinenschaufel.

Fortgeschrittene kreuzen von diesem Punkt ausgehend die Stelle mit der kleinsten Distanzanzeige systematisch ein und markieren jene Stelle ebenfalls durch Einstecken der Schaufel. Dieses Einkreuzen erhöht die Suchpräzision; Ungeübte verlieren dabei jedoch zu viel Zeit.

Bei der Feinsuche wird das LVS direkt auf der Schneeoberfläche gehalten.

Die mit der Schaufel markierte Stelle der kleinsten Distanzanzeige stellt das Zentrum der nun in der Punktsuche anzuwendenden Sondierspirale dar.

### Punktsuche

Eine punktgenaue Ortung ist mittels LVS kaum möglich. Um den Verschütteten exakt zu lokalisieren, wird sondiert.
Beim Sondieren wird ein spiralförmiges Muster angewendet. Die Stelle mit der kleinsten Distanzanzeige bildet das Zentrum der Sondierspirale. Von diesem Punkt aus wird mit einem Abstand und einer Radiuszunahme von ca. 25 Zentimetern spiralförmig nach außen hin sondiert. Die Sondierstange wird rechtwinklig zur Schneeoberfläche eingesteckt. Bei einem Sondentreffer wird die Sonde stecken gelassen. Sie dient während des Ausgrabens als Wegweiser zum Verschütteten.

## Suchstrategien bei mehreren Verschütteten

Sind mehrere Personen ganz verschüttet, ist während der LVS-Suche abzuschätzen, wie weit die Verschütteten vom Retter und voneinander entfernt liegen (siehe unten: mentale Karte). Zeigen die Signale (Töne und Distanzangaben), dass die Verschütteten **mehr als ca. 15 Meter** voneinander entfernt sind, können nach der ersten Ortung die weiteren Verschütteten mit der normalen, oben beschriebenen Methode gesucht werden. Dies bedingt jedoch, dass genügend Retter vorhanden sind, um den zuerst Gefundenen auszugraben und zu betreuen. Moderne Suchgeräte ermöglichen mittels Markierfunktion, dass die Signale der bereits Aufgefundenen ausgeblendet werden und somit die weitere Suche nicht gestört wird. Ist dieses Ausblenden des Signals aus irgendeinem Grund nicht möglich, oder ist keine Markierfunktion vorhanden, z. B. wenn alte Geräte im Einsatz sind, entfernt sich der Suchende mindestens zehn Meter vom ersten Gefundenen und macht mit Grobsuche, Feinsuche und Punktortung weiter.

**KURZ UND KNAPP**

- In der **Signalsuche** wird das LVS um alle Achsen gedreht, bis ein Signal empfangen wird.
- In der **Grobsuche** wird das LVS auf Brusthöhe gehalten und schnell gesucht.
- In der **Feinsuche** wird das LVS langsam, präzise und ohne Lageänderungen auf der Schneeoberfläche geführt.
- In der **Punktsuche** führt die Sonde zum Verschütteten.

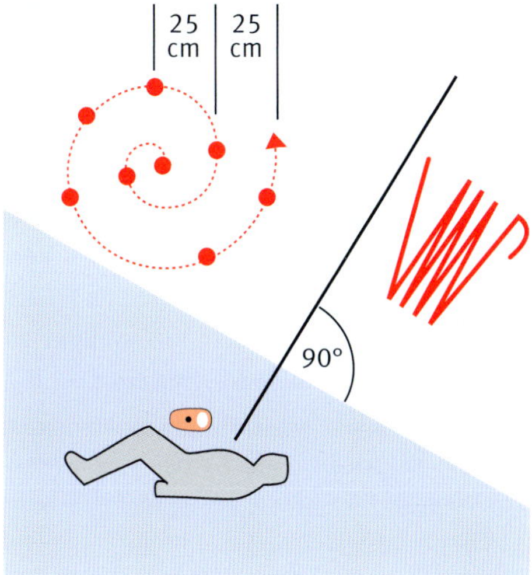


Spiralförmiges Sondiermuster: Die Sonde wird rechtwinklig zur Schneeoberfläche eingesteckt. (Grafik: M. Genswein)

### Mehrere Verschüttete auf kleinem Raum

Wenn mehrere Verschüttete **im Umkreis von ca. 15 Metern** liegen, spricht man von mehreren Verschütteten auf **kleinem**

**Raum**. Ist bei einer Distanz von weniger als 10 bis 15 Metern mehr als ein Signal vorhanden, trifft diese Situation zu. Mit der Interpretation des Analogtons können solche Situationen besonders zuverlässig erkannt werden. Mit einem modernen LVS gelingt es auch bei mehreren Verschütteten auf kleinem Raum, die Suche der Verschütteten mittels Markierfunktion zu vereinfachen und die Situation somit ohne die Anwendung von speziellen Suchstrategien zu lösen. Funktioniert die Markierfunktion nicht, oder ist sie nicht vorhanden (technologisch alte Geräte), kommt die Drei-Kreis-Suchmethode zur Anwendung.

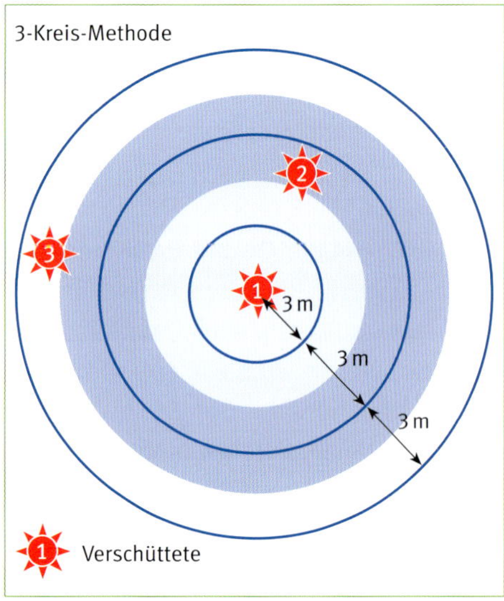


Mit der Drei-Kreis-Methode werden die Flächen im Drei-, Sechs- und Neun-Meter-Radius abgesucht.

### Drei-Kreis-Methode:

Ist der erste Verschüttete geortet, wird dieser von den weiteren Rettern ausgegraben und betreut. Der Suchende entfernt sich drei Meter vom bereits aufgefundenen Verschütteten. Dieser wird nun auf einem Kreis mit einem Radius von drei Metern umrundet, während das Gerät auf die Schneeoberfläche gehalten und die Distanz (Lautstärke oder Distanzanzeige) zum ersten Gefundenen betrachtet wird. Stellt man ein deutlich stärkeres Signal respektive eine deutlich kleinere Distanzangabe fest, liegt ein weiterer Verschütteter in unmittelbarer Nähe. Erkennt man auf dem ersten Kreis kein deutlich stärkeres Signal, so wird dasselbe Vorgehen mit Kreisen von sechs und neun Metern Radius wiederholt.

**EXPERTENTIPP**

**Situationsübersicht/Mentale Karte** bei mehreren Verschütteten auf kleinem Raum: Werden Analogtöne empfangen (Gerät mit Analog-Modus), zählt man die Anzahl verschiedener Tonfolgen gemäß folgendem Abfrageschema:
1. Kann dies nur ein Verschütteter sein? Nein, also mindestens zwei Verschüttete.
2. Können dies nur zwei Verschüttete sein? Nein, also mindestens drei Verschüttete.
Für Fortgeschrittene ist es möglich, eine zusätzliche Frage zu stellen: Können dies nur drei Verschüttete sein, oder sind es mehr? Beispiel: Die Toninterpretation ergibt drei Verschüttete und die Distanzanzeige schwankt zwischen 3,5 und 4,8 m. Dies bedeutet: Im Umkreis von ca. 5 m sind drei Verschüttete zu erwarten.

## Bergung

Das Ausgraben beansprucht in der Regel viel mehr Zeit als die Ortung mit dem LVS. Daher muss das Ausgraben ebenso geübt werden wie das Suchen mit dem LVS. Das von Manuel Genswein entwickelte »Förderbandsystem« hilft, den Verschütteten schnell und effizient freizulegen.
Die Sonde wird nach dem Auffinden des Verschütteten stecken gelassen und mar-

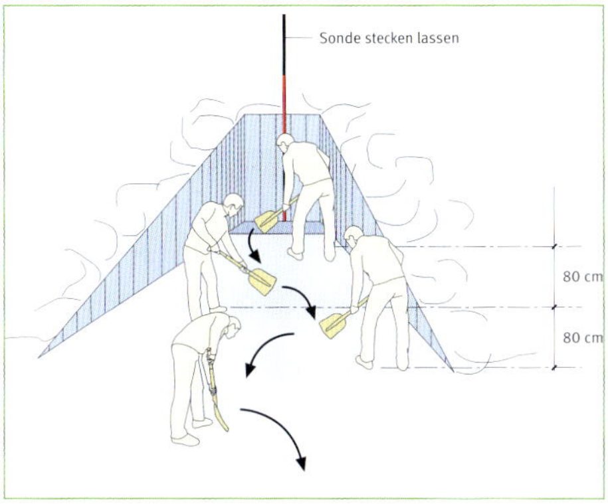


Schaufeln im »V« als Förderbandsystem erhöht die Effizienz beim Ausgraben und Freilegen von Verschütteten. (Grafik: M. Genswein)

Schaufeln im Förderbandsystem

kiert, wo und wie tief geschaufelt werden muss. Der erste Retter beginnt mit Schaufeln unmittelbar bei der Sonde. Der zweite Retter positioniert sich im Abstand einer Schaufellänge vom ersten, alle weiteren Retter halten zwei Schaufellängen Abstand voneinander. Die Länge des »V's« entspricht bei flacher Ablagerung ca. zwei Mal der Verschüttungstiefe (eingesteckte Sonde), bei steiler Ablagerung ca. ein Mal der Verschüttungstiefe. Der erste Retter sticht nun den Schnee ab und schiebt ihn mittels einer Paddelbewegung nach hinten. Er gräbt der Sonde folgend in die Tiefe. Die Retter hinter ihm befördern den Schnee wie auf einem Förderband weiter und vergrößern das V so weit, dass der Verschüttete gut aus dem Loch befreit werden kann. Auf Kommando des Retters an der Spitze rotiert die Mannschaft ca. alle vier Minuten im Uhrzeigersinn, damit die Effizienz möglichst hoch bleibt. Das Ausgraben muss sehr schnell erfolgen. Doch in unmittelbarer Nähe des Verschütteten – insbesondere des Kopfes – ist Vorsicht geboten. Es muss darauf geachtet werden, den Verschütteten und dessen Atemhöhle nicht zu zertrampeln.

## Erste Hilfe beim Lawinenunfall

Grundsätzlich gehen wir bei der Ersten Hilfe nach dem System ABC (A = Airways, Atemhöhle vorhanden? Atemwege frei? Atmung vorhanden?; B = Breathing, Beatmung; C = Circulation, Kreislauf vorhanden?) vor. Sind keine Lebenszeichen festzustellen, ist sofort mit 30 Thoraxkompressionen gefolgt von zwei Beatmungsstößen oder 100 Thoraxkompressionen pro Minute ohne Beatmung zu beginnen.

Gemäß dem Südtiroler Bergrettungsarzt Hermann Brugger wird der Lawinentod in etwa 70 Prozent durch akutes Ersticken, in etwa 20 Prozent durch ein tödliches Trauma und in circa 10 Prozent durch das sogenannte 3-H-Syndrom verursacht: Hypoxie = Sauerstoffmangel, Hyperkapnie = Anreicherung von Kohlendioxid, Hypothermie = Unterkühlung.

In den ersten 15 Minuten nach einer Lawinenverschüttung bestehen die größten Chancen, Verschüttete lebend zu bergen. Liegt die Verschüttungszeit im Bereich von 15 bis 35 Minuten, steigt die Mortalität schon auf über 60 Prozent. In diesem Zeitintervall sterben die meisten Verschütteten am Erstickungstod aufgrund verschlossener Atemwege oder ungenügender Atemhöhle.

**Atemhöhle**

Um eine Lawinenverschüttung zu überleben, ist eine Atemhöhle (also freie Atemwege) notwendig. Eine Verschüttung, die länger als 35 Minuten dauert, überleben nur Personen mit einer Atemhöhle. Bei der Rettung ist daher entscheidend:

- beim Ausgraben eine vorhandene Atemhöhle nicht zu zertrampeln,
- die Atemwege schnell zu befreien,
- zeigt der Verschüttete keine Lebenszeichen, muss er sofort reanimiert werden.

In den ersten 35 Minuten muss alles darangesetzt werden, leblos erscheinende Patienten zu reanimieren. Unterkühlung ist in den ersten 35 Minuten noch keine ernsthafte Gefahr.

Leblos erscheinende Patienten müssen reanimiert werden, bis der Arzt eintrifft und das weitere Vorgehen übernimmt.

**Unterkühlung**

Nach ca. 35 Minuten Verschüttungszeit muss mit Unterkühlungserscheinungen des Patienten gerechnet werden. Durch die Unterkühlung zieht sich das warme Blut des Patienten in die Körperzentren zurück (Herz, Lunge, Hirn), während das »Schalenblut« in den Extremitäten (Arme, Beine) kühler wird. Bei der Ersten Hilfe muss darauf geachtet werden, dass der Patient nicht unnötig bewegt wird. Fließt kaltes Schalenblut ins Herz, führt dies zum sofortigen (Bergungs-)Tod.

**Verletzungen**

Eine Lawinenerfassung kommt einem Absturz gleich. Ein großer Teil der verschütteten Personen erleidet, bereits bevor die Lawine zum Stillstand kommt, lebensbedrohende Verletzungen. Gerade bei Nassschneelawinen z. B. im Frühjahr wirken sehr große Kräfte auf den Körper. Die Schneemassen drücken den Brustkasten so stark zusammen, dass der Verschüttete nicht mehr atmen kann. Dazu können innere Verletzungen von Knochen, Organen (Lunge, Leber, Milz), Gefäßen und Weichteilen kommen, die zu einem großen Blutverlust führen. Deshalb ist jedes Lawinenopfer als mehrfach verletzter Patient zu betrachten und sorgsam zu bergen.

## Luftrettung

Bei Lawinenunfällen mit ganz verschütteten Personen ist die Alarmierung der Luftrettung immer gerechtfertigt. Das Alpine Notsignal dient als einfaches Kommunikationsmittel mit der Besatzung des Helikopters.

In der Nähe von Helikoptern sind folgende Maßnahmen wichtig:

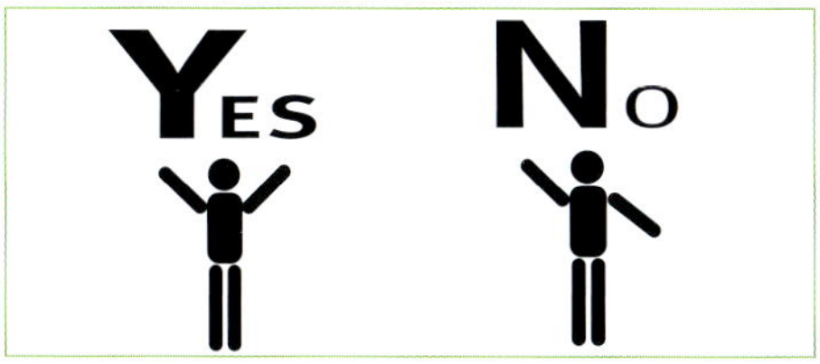


Ja, wir brauchen Hilfe! Nein, wir brauchen keine Hilfe.

**KURZ UND KNAPP**

Lawinenopfer müssen als mehrfach verletzte Patienten betrachtet werden. Sorgsam bergen!
Nach der Bergung muss der Patient vor weiterem Auskühlen geschützt werden (Wind, Witterung).

› Die Person, die den Helikopter einweist, soll am gleichen Ort ruhig stehen bleiben. Im Endanflug ist es sinnvoll, sich in eine Kauerstellung zu begeben und immer Sichtkontakt zum Piloten zu halten.

› Im Winter, besonders bei Neuschnee, ist es wichtig, dass sich der Einweiser nicht von der Stelle bewegt (Referenz für Pilot).

› Annäherung an den Helikopter erst bei stillstehendem Rotor oder klarem Zeichen der Besatzung.

› Ein- und Aussteigen bei laufendem Rotor nur in Begleitung eines Besatzungsmitglieds.

› Keine losen Gegenstände liegen lassen. Vorsicht mit Skiern, Sondierstangen etc. Lange Gegenstände flach am Boden halten!

› Bei Nachteinsätzen keine Lichtquellen direkt auf den Helikopter richten.

Beim Einweisen des Helikopters unbedingt am Ort bleiben und in Kauerstellung gehen.

# Literaturverzeichnis


Berther, A. und Wicky, M., 2010. Varianten und Touren. Schneesport Schweiz, Band 7. SSSA, Belp.

Birrer, D., Ruchti, E. und Morgan, G., 2010. J+S Lehrmittel Psyche – Theoretische Grundlagen. Bundesamt für Sport.

Brugger, H., Durrer, B., Adler-Kastner, L., Falk, M. and Tschirky, F., 2001. Field management of avalanche victims. Resuscitation, 51(1): 7–15.

Brugger, H., Kern, M., Etter, H.-J. und Falk, M., 2003. Effizienz am Lawinenkegel. Bergundsteigen, 12(4): 60–65.

de Bono, E., 1985. Six thinking hats: An essential approach to business management. Little, Brown, & Company, London, UK.

Engler, M., 2001. Die weisse Gefahr. Verlag Martin Engler, Sulzberg.

Etter, H.J., Schweizer, J. und Stucki, T., 2009. Nicht ohne mein LVS: Lawinennotfallsysteme im Vergleich. Die Alpen, 85(2): 24–29.

Figner, B., Mackinlay, R.J., Wilkening, F. and Weber, E.U., 2006. Affective and deliberative processes in risky choice: Age differences in risk taking in the Columbia Card Task. J. Exp. Psychol. Learn., 35(3): 709–730.

Fischer, A., Lamprecht, M. und Stamm, H., 2006. Risikoverhalten im Sport. Zwischenbericht: Theoretische Grundlagen und ein allgemeines Modell, SUVA.

Fredston, J.A. and Fesler, D., 1988. Snow sense – A guide to evaluating snow avalanche hazard. Alaska Mountain Safety Center, Anchorage AK, USA.

Genswein, M., 2010. J+S Merkblatt Lawinenunfall, J+S Handbuch Bergsport. Bundesamt für Sport.

Genswein, M. und Eide, R., 2007. Schaufel Strategie – das V-förmige Schneeförderband. Bergundsteigen, 16(4): 76–79.

Haegeli, P., 2010. Avaluator Avalanche Accident Prevention Card – Second Edition. Canadian Avalanche Centre, Revelstoke BC, Canada.

Harvey, S., 2002. Lawinen und Bulletin, Facts aus Schweizer Datenbank. Bergundsteigen, 11(4): 48–52.

Harvey, S., 2006. White Risk. Interaktive Lern-CD zur Lawinenunfall-Prävention. SUVA und WSL-Institut für Schnee- und Lawinenforschung SLF.

Harvey, S., 2008. Mustererkennung in der Lawinenkunde. Sicherheit im Bergland. Österreichisches Kuratorium für Alpine Sicherheit, Innsbruck, 88–94.

Harvey, S. und Nigg, P., 2009. Praktisches Beurteilen und Entscheiden im Lawinengelände. Ein Blick über Konzepte und Tools in der Schweiz. Tagungsband ISSW, Davos.

Harvey, S., Schweizer, J., Rhyner, H.U. und Nigg, P., 2009. Merkblatt: Achtung Lawinen! Kern-Ausbildungsteam »Lawinenprävention Schneesport«.

Heierli, J., Zaiser, M. und Gumbsch, P., 2010. Der Knall im Lawinenhang. Die Ursache von Schneebrettlawinen. Physik in unserer Zeit, 41(1): 31–34.

Hoffmann, M., 2000. Lawinengefahr, Schneebretter: Risiken erkennen – Entscheidungen treffen. BLV.

Jamieson, J.B., 2000. Backcountry avalanche awareness. Canadian Avalanche Association, Revelstoke BC, Canada.

Kurzeder, T. und Feistl, H., 2010. Powderguide Lawinen: Risiko-Check für Freerider. Tyrolia–Verlag, Innsbruck.

Mair, R. und Nairz, P., 2010. Lawine. Die 10 entscheidenden Gefahrenmuster erkennen: Praxis–Handbuch. Tyrolia–Verlag, Innsbruck.

McCammon, I., 2002. Evidence of heuristic traps in recreational avalanche accidents. Tagungsband ISSW, Penticton BC, Canada, 244–251.

McClung, D.M. and Schaerer, P., 2006. The Avalanche Handbook. The Mountaineers Books, Seattle WA, USA.

Mersch, J., 2008. Intuition, Wiedererkennung und Muster. Bergundsteigen, 17(4): 46–51.

Munter, W., 2003. 3x3 Lawinen – Risikomanagement im Wintersport. Pohl&Schellhammer, Garmisch-Partenkirchen.

Pinzer, B.R. and Schneebeli, M., 2009. Snow metamorphism under alternating temperature gradients: Morphology and recrystallization in surface snow. Geophys. Res. Lett., 36(23), L23503.

Rhyner, H.U., 2009. Kernausbildungsteam Lawinenprävention Schneesport, 5. Dreiländerkongress D, A, CH. »Sport – mit Sicherheit gewinnen«, Magglingen.

Rohwedder, P., 2005. Gemeinsam unterwegs – Führungstechnik und der Dreifach Blick, Sicherheit im Bergland. Österreichisches Kuratorium für Alpine Sicherheit, Innsbruck, 63–68.

Schweizer, J., 2000a. Des Schnees Gespür für Schi und Board – Wie lösen Schifahrer und Snowboarder Schneebretter aus? Bergundsteigen, 9(4): 31–35.

Schweizer, J., 2000b. Die typische »Schifahrerlawine« – Untersuchung zu den Charakteristiken von Schifahrerlawinen. Bergundsteigen, 9(1): 30–35.

Schweizer, J., 2002. Zufall und Muster – Die Variabilität der Schneedecke in neuem Licht. Bergundsteigen, 11(4): 53–56.

Schweizer, J., 2003. Rutschblock 73 – Verifikation der Lawinengefahr. Bergundsteigen, 12(4): 56–59.

Schweizer, J., 2006a. Der Nietentest. Bergundsteigen, 15(4): 66–69.

Schweizer, J., 2006b. Hangneigung – Das Gelände als Schlüsselgrösse zur Verminderung des Lawinenrisiko. Bergundsteigen, 15(4): 42–45.

Schweizer, J. und Harvey, S., 2004. Das unbekannte Wesen – oder: ohne Schneedecke keine Lawinen ... Bergundsteigen, 13(4): 20–25.

Simenhois, R. and Birkeland, K.W., 2006. The extended column test: a field test for fracture initiation and propagation. Tagungsband ISSW, Telluride CO, USA, 79–85.

SLF, 2008. Lawinenbulletins und weitere Produkte, Interpretationshilfe, WSL–Institut für Schnee- und Lawinenforschung SLF, Davos.

Tremper, B., 2008. Staying Alive in Avalanche Terrain. The Mountaineers Books, Seattle WA, USA.

Utzinger, C., 2003. Human factors usa (1). Bergundsteigen, 13(4): 38–43.

Utzinger, C., 2004. Human factors usa (2). bergundsteigen, 14(1): 50–57.

Wicky, M., Marbacher, D., Müller, M. und Wassermann, E., 2012. Lawinen und Risikomanagement : Für Touren mit Ski, Snowboard oder Schneeschuhen. Edition Filidor, Reichenbach.

Winkler, K., Brehm, H.P. und Haltmeier, J., 2011. Bergsport Winter: Taktik, Technik, Sicherheit. Verlag des SAC, Bern.

Winkler, K. und Techel, F., 2009. Stabilitätstests im Vergleich. Bergundsteigen, 18(4): 66–73.

# Register

# Impressum

**Autoren:**
**Stephan Harvey**, geb. 1969, Geograf und Bergführer. Langjähriger Mitarbeiter am WSL-Institut für Schnee- und Lawinenforschung SLF mit den Schwerpunkten Lawinenprognose, Unfallanalysen und Lawinenprävention, Mitglied des Kern-Ausbildungteams Lawinenprävention KAT, Lawinenausbildner und Sachverständiger bei Lawinenunfällen.

**Hansueli Rhyner**, geb. 1957, ist Leiter der Forschungsgruppe Industrieprojekte und Schneesport am WSL-Institut für Schnee- und Lawinenforschung SLF, Gutachter bei Bergunfällen, Mitglied des Kern-Ausbildungteams Lawinenprävention KAT, Bergführer und Skilehrer.

**Jürg Schweizer**, geb. 1960, Dr. sc. nat. ETH, Umweltphysiker, Glaziologe. Langjähriger wissenschaftlicher Mitarbeiter am WSL-Institut für Schnee- und Lawinenforschung SLF mit den Forschungsschwerpunkten Schneemechanik, Lawinenbildung und Lawinenprognose, Lawinenausbildner und Sachverständiger bei Lawinenunfällen. Seit 2011 Leiter des SLF.

**Danksagung:** Wir möchten uns bei folgenden Personen, die uns in irgendeiner Weise unterstützt haben, ganz herzlich bedanken: Lukas Dürr (SLF), Manuel Genswein (Meilen), Martin Heggli (SLF), Joachim Heierli (Karlsruher Institut für Technologie KIT), C. Huovinen (SLF), C. Lardelli (SLF), Josef Mallaun (Strengen a. Arlberg), Christoph Mitterer (SLF), Paul Nigg (Leiter Kern-Ausbildungsteam), Markus Reichenbach (Rega), Benjamin Reuter (SLF), Martin Schneebeli (SLF), Thomas Stucki (SLF), Christoph Suter (SLF), Kurt Winkler (SLF), Julia Wessels (SLF).



Produktmanagement: Susanne Kaufmann
Lektorat: Gotlind Blechschmidt, Augsburg
Lektorat SLF Davos: Katrin Burri, Cornelia Accola-Gansner
Layout: Medienfabrik GmbH, Stuttgart
Repro: Cromika, Verona
Grafiken: Christiane von Solokoff, Neckargemünd
Herstellung: Anna Katavic, Barbara Uhlig
Gesamtherstellung: GeraNova Bruckmann Verlagshaus GmbH

Alle Angaben des Werkes wurden von den Autoren sorgfältig recherchiert und auf den aktuellen Stand gebracht sowie vom Verlag geprüft. Für die Richtigkeit der Angaben kann jedoch keine Haftung übernommen werden. Für Hinweise und Anregungen sind wir jederzeit dankbar. Bitte richten Sie diese an:
Bruckmann Verlag
Postfach 40 02 09
80702 München
lektorat@verlagshaus.de

Bildnachweis:
Alle Aufnahmen stammen von den Autoren mit folgenden Ausnahmen:
Nigg Conrad: S. 84; Lukas Dürr: S. 52 rechts, 82 unten; Kari Gisler: S. 25; Ralf Gschwend: S. 115; Bruno Hasler: S. 7; Martin Heggli: S. 24; André Henzen: S. 114; Bruno Jelk: S. 43, 182; Berna Köchle: S. 28; Josef Mallaun: S. 8, 13, 133, 175; Vali Meier: S. 176; Marcia Phillips: S. 86, 108, 118 unten; Archiv REGA: S. 188, 189; Jürg Rocco: S. 49; Martin Schneebeli und Bernd Pinzer: S. 27; Tiziano Schneidt: S. 16, 18, 124; Daniel Schneuwly: S. 70, 91; Christoffer Sjöström: S. 10 (Fahrer: Xavier de la rue), S. 166 (Fahrer: Kaj Zachrisson), S. 169 (Fahrer: Mike Douglas); Archiv SLF: S. 30 rechts, 76, 82 oben; Simon Stäger: S. 131; Thomas Stucki: S. 42, 79; Christoph Suter: S. 2/3, 5, 6, 77, 85, 160, 174; Melanie Ulrich: S. 120 rechts; Alec van Herwijnen: S. 38; Benjamin Zweifel: S. 167.

Umschlagvorderseite: Auslösung einer Schneebrettlawine (Josef Mallaun)
Umschlagrückseite: Spuren nach krönender Abfahrt bei idealen Bedingungen (Stephan Harvey)

Die Deutsche Nationalbibliothek verzeichnet diese Publikation in der Deutschen Nationalbibliografie; detaillierte bibliografische Daten sind im Internet über http://dnb.d-nb.de abrufbar.

Aktualisierte Neuauflage

ISBN 978-3-7654-5779-1